Claire
克萊兒的廚房日記 著

一鍋到底

亂亂煮

一鍋到底亂亂煮
不是真的在亂煮啦！

延續第一本《一鍋到底亂亂煮》的方便煮模式，這本料理書的內容仍然以鍋物為主題，透過輕鬆烹煮的方式，抑或是一鍋煮、抑或是先炒後燉、抑或快手炒、簡單完成，省時省力輕鬆享用自家料理。

偶爾來個養身藥膳鍋補補元氣，想念古早味就複製個婆婆媽媽鍋，特別的日子就來鍋封存的美味打打牙祭，冰箱有什麼就煮什麼的亂亂煮，懶得顧火又怕油煙那就交給電鍋，總之，隨興、隨意簡單煮出一鍋美味料理，全家一起享用。

一鍋到底亂亂煮不是真的在亂煮，而是心之所向利用手邊的食材來變化出各式有滋有味的料理，料理不再因食譜而局限，克萊兒的料理書教你煮食邏輯，搭配手邊有的食材煮出一鍋美味好物。

奧客協會會長的煩惱

大家好，我是 (當初完全沒想到竟然還有第二次寫序機會的) 奧客協會會長，上次的序我覺得我已經把真心需要向大家勸告的部分坦白完了，其實現在有點無話可寫，但既然被邀請來著筆，我還是來寫點東西吧！

寫點最近的幾個煩惱如何？
這幾個月以來，一如既往地，我家廚房還是不兩立，我媽跟我彼此的原則就是不打擾對方煮飯，或者比較像是我單方面被驅趕，畢竟我們看彼此的煮飯方式都不順眼。

各位不知道我家的地雷吧？當我家老媽在廚房關起門來認真敲敲打打、切切炒炒，那裡就會是潘朵拉之門，誰打開誰遭罪，「我在拍食譜」、「我在錄影」、「你擋到自然光了」，彷彿人體帶有黑洞自帶吸光技能，一踏入瞬間室內光源會連暗三階。我只是想進去廚房開個冰箱倒杯牛奶。

還有，關於我最近增加的信條「潔癖不是罪，但不潔癖也不是罪」。我到現在還是無法相信她每天亂亂煮一大堆東西，但每晚廚房卻還是可以收拾到一塵不染，就像回到原點一樣：鍋碗瓢盆全盤歸位，流理臺乾淨到發光，水槽滴水未沾，冰箱裡的食物全用保鮮盒整齊落好，一切和平到像戰爭沒有發生一樣……嗎？

不，大錯特錯，那些對我這個普通人而言這可是打仗啊！每次用完廚房我都要像機器人一樣死命擦拭水槽附近的水漬，清理瓦斯爐附近噴出來的油漬，撿起掉在地板上的碎屑，把鹽罐、胡椒罐、保鮮膜全部一一放回頭上的碗櫃，我已經自己嘀咕三百遍「既然餐餐都要用為什麼不直接放流理臺啊？」，當我冒出這個想法的時候就會看到某女士站在我身後手持放大鏡開始檢查，實在太可怕了，導致我暫時仍然無法革命成功。

雖然很氣但還是不得不承認，所以我家廚房是真的因此算很乾淨啦！也許她下一本書應該要去寫怎麼「一鏡到底快快清」廚房之類的內容，我會大力當推薦人。最後，願望是希望家裡有個更大冰箱 (其實現在已經很大了)，就不用每天被老媽催著要清冰箱，好讓出更多空間可以放她要煮的東西。

有個可怕潔癖老媽雖然有點困擾，但她煮的飯還是算不錯吃啦，尤其珠貝什麼山藥排骨湯和各式雞湯們，我都很喜歡也不難，很推薦大家可以試試。當然如果可以煮完後不收廚房、用完鍋子泡水放水槽泡一兩天、常用的調味料堆在唾手可得的地方、沒吃完的東西不包保鮮膜、不裝保鮮盒直接冰冰箱等等……就更好了。別擔心，沒事的我懂你，以上都不是罪，我們都只是凡人而已，跟他們那群神仙不一樣。

那麼，總而言之，言而總之，就請大家快樂享用這本《一鍋到底亂亂煮(2)【特級懶人版】》吧！

目錄

Chapter 1

01-10

進補不是只能在冬季！
滋補養生亂亂煮。

Chapter 2

11-22

舌尖上的古早味！
亂亂煮個超想念的婆婆媽媽鍋。

Chapter **3**

23-32

封存的美妙滋味，
銷魂乾貨亂亂煮。

Chapter **4**

33-44

在家隨時都能嗑！
亂亂煮個人氣鍋。

Chapter 5

45-56

絕對零失敗！
拿把不沾鍋亂亂煮一鍋。

Chapter 6

57-68

別嫌它重，可好用了！
鑄鐵鍋就是亂亂煮的好朋友。

Chapter 7

69-78

厲害了，亂亂煮還沒油煙！
電鍋ＶＳ電子鍋出餐嘍！

Chapter 8

79-82

沒看錯！
亂亂煮，剩菜也有出頭天。

帶骨肉類燉湯邏輯

1 冷水入鍋以大火煮滾

帶骨肉類冷水入鍋,透過冷水快速加熱過程,將肉類表面以及骨頭組織雜質煮熟,漂浮出來,也使得肉類表面蛋白質快速凝固定型。

2 洗去雜質

漂浮在水面或肉類表面的雜質,用大量清水洗淨,甚至可用小刷子將肉類表面雜質刷掉,如此可使燉煮的湯頭煮出食材原有的風味。

3 去除浮沫

冷水中大火煮滾表面燙熟的帶骨肉類,將浮在水面少量浮沫撈除,確保湯頭純淨。

4 小火慢燉

接著轉小火慢慢燉煮,低溫慢煮可使肉類軟爛,其他食材則依其烹調特性安排下鍋時間。

5 最後調味

燉煮湯頭,太早加鹽會使蛋白質凝固不易釋放營養,肉類組織也不易軟爛,待肉類軟爛起鍋前 10 分鐘再稍微調味即可。

沒帶骨肉類燒滷邏輯

1　冷水入鍋大火簡單汆燙

一樣是透過水溫加熱過程將雜質煮熟釋出。

2　洗去雜質

沖水將雜質刷除乾淨，使得滷湯或醬汁清甜。

3　大火油煎定型

將清洗乾淨肉類以大火油煎，使得表面蛋白質快速凝固而定型。

4　肉類入醬汁

先以大火燒滾後轉小火慢燉，大火使肉類表面定型，低溫慢燉使得肉類組織鬆弛，燉至軟爛保留香氣。

5　醬汁浸泡使其更入味

煮好的滷肉先不急著大快朵頤，待醬汁和肉類慢慢冷卻，此時肉類更鬆弛能吸入醬汁而更入味。

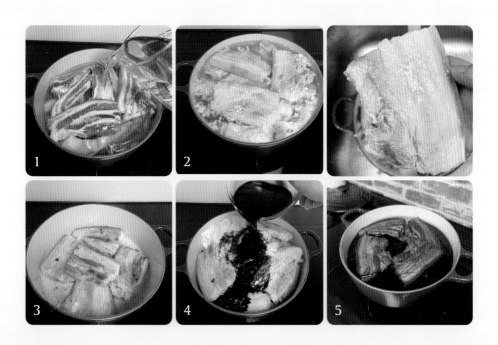

先炒後煮的
煮物邏輯

1　蛋白質先炒熟取出

雞蛋、海鮮、肉片，先用少許油炒至8分熟，重口味也可以下醬汁拌炒後再取出。易熟的蛋白質就不留在鍋裡，避免口感過柴。

2　拌炒適合煮湯底的蔬菜

牛番茄、胡蘿蔔、洋蔥各式菇類和瓜類，用油炒出脂溶性的茄紅素或胡蘿蔔素以及各式蔬菜的香甜。

3　加入水或高湯燉煮湯底

鍋底因酶化反應留下的恰恰蛋白質，或經過耐心拌炒而釋出的各式酸甜，用水或高湯好好煮一煮使其混合。

4　回鍋整合

最後再將炒熟或煎熟的蛋白質回鍋，這樣就是一鍋風味有層次的好鍋物。

蛋白質拌炒或油煎時
要注意什麼？

雞蛋

用熱油拌炒攪打均勻的蛋汁，雞蛋會先蓬鬆再收縮，散發出蛋香釋放在湯裡。

肉類

建議用油煎焦焦，使其散發出焦香味，建議豬肉片可先煎熟或炒熟減少組織液中的腥臊味，牛肉片則可以汆燙方式燙熟即可。

海鮮

下鍋前務必清洗乾淨，並耐心擦乾，越是乾燥的海鮮，油煎後鮮甜風味越明顯，比如白蝦、草蝦、透抽、花枝、干貝……等。新鮮的海鮮擦乾後，無須以調味料醃漬，下鍋後也會鮮甜無比。

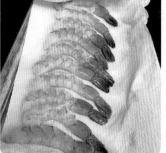

封存美味的
祕訣是什麼？

經過熟成或晒乾的乾料,保有食材美味的精華,經過小火慢煮之後
會慢慢將其保留的香氣釋出,這股封存在乾料中的美味釋放在湯
裡,每一口都是絕佳的享受。

我常使用的乾料有小顆的珠貝、金華火腿、乾魷魚、澎湖石鮔、花
菇、小魚乾、蝦米、花菜乾等等。這些食材並不難取得,跟雞肉或
排骨一起燉煮,那美味的湯頭簡直讓人上天堂。

適合一鍋到底
亂亂煮的鍋具

只要能先炒後煮的鍋具都適合，比如鑄鐵鍋、琺瑯鑄鐵鍋、厚底不鏽鋼鍋、炒鍋、不沾鍋都可以，最主要能夠以油炒料不會燒焦，再配合份量加水燉煮，容量夠大的鍋具都可以。

Chapter

1

01-10

亂亂煮
好養生

進補不是只能在冬季！
滋補養生亂亂煮。

美人腿
四物雞湯

亂亂煮
01

每位女孩兒都需要的好湯，能調經止痛、活血化瘀、滋潤
肌膚，還能調理腎氣，所以也是男人可以喝的補氣藥膳湯。
還有，多加了美人腿清爽解膩，大家一起試試喔！

鍋具：琺瑯鑄鐵鍋
容量：20cm/2.4L

材料 [2～3人]
帶骨雞肉塊——500g
中藥材——共計180g（包含
當歸、杜仲、川芎、白芍、
熟地、紅棗、黑棗、枸杞、
黃耆）

茭白筍——200g
清水——1200ml

調味料
鹽——少許

作法
1　雞肉清洗瀝乾、紅棗和黑棗洗淨淺淺劃一刀。
2　起一湯鍋放入雞肉和冷水，冷水淹過雞肉，開中大火煮滾。
3　水滾將雞肉和鍋子端到水龍頭下，雞肉和鍋子都務必沖洗乾淨。
4　原鍋放入汆燙後的雞肉和所有中藥材，加清水並以大火煮滾。
5　撈除浮沫轉小火，蓋鍋留縫燉煮50分鐘。
6　放入茭白筍於雞湯中再煮10分鐘。
7　最後加少許鹽調味即完成。

美味小撇步
◆　每家中藥房提供的藥膳配方稍有差異，請使用自己購買的四物藥膳配方即可，四物雞湯
　　適合在經期結束後食用。
◆　將汆燙後的雞肉和湯鍋好好清洗，洗越乾淨，漂出的浮末和雜質越少。
◆　燉煮時蓋鍋留縫，避免噗鍋也讓骨腥味可飄出。

藥燉排骨

無論是秋風起或冷冽寒風來襲時，吃上一碗
藥燉排骨能促進血液循環、補氣補血，更能
讓我們攝取排骨裡頭的鈣、磷、鐵微量元
素，好喝的湯頭，家裡孩子也能一起吃。

鍋具：琺瑯鑄鐵鍋
容量：22cm/3.3L

材料 [3 ～ 4 人]
胛心排骨──1200g
中藥材──共計180g (包含
當歸、川芎、杜仲、肉桂、
紅棗、黑棗、枸杞、參鬚、
山藥、蓮子等)

高麗菜──隨喜好
清水──1300ml

調味料
鹽──少許
米酒──100ml

作法
1　排骨清洗瀝乾、紅棗和黑棗洗淨淺淺劃一刀。
2　起一湯鍋放入排骨和冷水，冷水淹過排骨，開中大火煮滾。
4　水滾將排骨和鍋子端到水龍頭下，排骨和鍋子都務必沖洗乾淨。
5　原鍋放入汆燙後的排骨、米酒、清水和所有中藥材，大火煮滾。
6　撈除浮沫轉小火，蓋鍋留縫燉煮50分鐘。
7　放入高麗菜於排骨湯中再煮2 ～ 3分鐘。
8　最後加少許鹽調味即完成。

美味小撇步
◆　每家中藥房提供的藥膳配方稍有差異，請使用自己購買的藥燉排骨藥膳配方即可。
◆　將汆燙後的排骨和湯鍋好好清洗，洗越乾淨，漂出的浮沫和雜質越少。
◆　燉煮時蓋鍋留縫，避免噗鍋也讓骨腥味可飄出。

亂亂煮
03

娃娃菜
狗尾草雞湯

狗尾草有養顏美容、止咳潤喉、開啤利尿以及降火等功效，可依自己喜好搭配一些蔬菜來吃更爽口。

鍋具：琺瑯鑄鐵鍋
容量：25cm/3.2L

材料 [3人]
土雞肉塊──600g
中藥材──共計200g (包含當
歸、紅棗、黑棗、蓮子、粉
光、黨參、枸杞、山藥等)

娃娃菜──4株 (共200g)
清水──1800ml

調味料
鹽──少許

作法
1 雞肉清洗瀝乾、紅棗和黑棗洗淨淺淺劃一刀、娃娃菜對切。
2 起一湯鍋放入雞肉和冷水,冷水淹過雞肉,開中大火煮滾。
3 水滾將雞肉和鍋子端到水龍頭下,雞肉和鍋子都務必沖洗乾淨。
4 原鍋放入汆燙後的雞肉和所有中藥材,加清水並以大火煮滾。
5 撈除浮沫轉小火,蓋鍋留縫燉煮50分鐘。
6 放入娃娃菜再煮10分鐘。
7 最後加少許鹽調味即完成。

美味小撇步
◆ 每家中藥房提供的藥膳配方稍有差異,請使用自己購買的狗尾草藥膳配方即可。
◆ 將汆燙後的雞肉和湯鍋好好清洗,洗越乾淨,漂出的浮沫和雜質越少。
◆ 燉煮時蓋鍋留縫,避免噗鍋也讓骨腥味可飄出。

亂亂煮

04 當歸鴨胸湯

一般在傳統市場上比較不容易買到鴨肉，但在大賣場卻很
容易買到鴨胸，這道當歸鴨胸湯很容易操作，當歸藥膳可
改善氣血虛弱，活血補血，全家久久來一鍋很養生。

鍋具：琺瑯鑄鐵鍋
容量：22cm/2.6L

材料 [2 ～ 3人]
鴨胸——700g
中藥材——共計80g (包含當
歸、川芎、桂枝、甘草、熟
地、桂皮、廣陳皮、桂智、
枸杞等)

薑片——3片
清水——1500ml

調味料
米酒——半米杯
鹽——少許

作法
1　鴨胸切0.5公分薄片。
2　枸杞先拿出來備用,其他中藥材泡入米酒15分鐘。
3　起一湯鍋放入藥材、鴨肉、薑片和清水,中大火煮滾。
4　水滾後撈除浮沫轉小火,蓋鍋留縫燉煮50分鐘。
5　最後加入枸杞煮10分鐘,再加少許鹽調味即完成。

美味小撇步
◆　每家中藥房提供的藥膳配方稍有差異,請使用自己購買的當歸藥膳配方即可。
◆　漂出的浮沫盡量撈除,雜質越少湯越清甜。

補氣人參
菇菇雞湯

感到身心疲憊時，偶爾來一鍋人參雞湯，可
以增強體力、加強氣血循環改善手腳冰冷，
湯裡的菇菇風味也很出色哦！

鍋具：不鏽鋼湯鍋
容量：20cm/3L

材料 [3 ～ 4人]
帶骨雞肉塊──700g
中藥材──共計200g（包含
當歸、川芎、人參、參鬚、
紅棗、黑棗、枸杞、山藥、
黃耆、蓮子）

黑蠔菇──150g
清水──1500ml

調味料
鹽──少許

作法

1　雞肉清洗瀝乾、紅棗和黑棗洗淨淺淺劃一刀。

2　起一湯鍋放入雞肉和冷水，冷水淹過雞肉，開中大火煮滾。

3　水滾將雞肉和鍋子端到水龍頭下，雞肉和鍋子都務必沖洗乾淨。

4　原鍋放入汆燙後的雞肉和所有中藥材，加清水並以大火煮滾。

5　撈除浮沫轉小火，蓋鍋留縫燉煮45分鐘。

6　黑蠔菇剝小塊，加入雞湯中再煮15分鐘。

7　最後加少許鹽調味即完成。

美味小撇步

◆　每家中藥房提供的藥膳配方稍有差異，請使用自己購買的人參雞藥膳配方即可。

◆　將汆燙後的雞肉和湯鍋好好清洗，洗越乾淨，漂出的浮沫和雜質越少。

◆　燉煮時蓋鍋留縫，避免噗鍋也讓骨腥味可飄出。

四君子
排骨湯

亂亂煮
06

四君子湯可當成日常保養之基礎,常喝四君子藥膳湯可補中益氣、健胃整腸、也能燥溼利水,上班族在忙碌之餘可泡茶來喝補充體力。

鍋具:琺瑯鑄鐵鍋
容量:18cm/2L

材料 [2人]

排骨—300g
中藥材—共計64g (四君
子包含人參、白朮、茯
苓、炙甘草)
清水—1200ml

調味料

鹽——少許

作法

1　把四君子裝入滷包袋。

2　起一湯鍋放入排骨和水，水淹過排骨，開中大火煮滾。

3　水滾將排骨和鍋子端到水龍頭下，排骨和鍋子都務必沖洗乾淨。

4　原鍋放入汆燙後的排骨和所有藥材包，加水淹過排骨，以大火煮滾。

5　撈除浮沫轉小火，蓋鍋留縫燉煮60分鐘。

6　最後加少許鹽調味即完成。

美味小撇步

◆　四君子泡在滾水中5～8分鐘，平時沖茶喝也很養生。

◆　漂出的浮沫和雜質要盡量撈除，湯頭乾淨燉煮的藥膳湯才會清甜。

◆　燉煮時蓋鍋留縫，避免噗鍋也可讓骨腥味飄出。

杏鮑菇燒酒蝦

亂亂煮 07

這是一道快速又方便的藥膳料理,天冷時來一鍋簡單開胃又暖和。

鍋具:琺瑯鑄鐵鍋
容量:26cm/2.2L

材料 [2～3人]
草蝦——300g
中藥材——共計180g (包含
紅棗、黑棗、枸杞、人參
鬚、陳皮、黨參、桂枝、桂
皮、山藥等)

杏鮑菇——2條 (共250g)
清水——1200ml

調味料
米酒——半米杯
鹽——少許

作法
1　起一湯鍋放入中藥材和清水，開中大火煮滾。
2　杏鮑菇切薄片、草蝦剪除長鬚和蝦腳，並用牙籤拉出腸泥。
3　湯滾放入杏鮑菇轉小火，蓋鍋留縫慢煮50分鐘。
4　接著放入草蝦，倒入米酒煮10分鐘，加少許鹽調味即完成。

美味小撇步
◆　每家中藥房提供的藥膳配方稍有差異 請使用自己購買的燒酒藥膳配方即可。
◆　因為蝦子快熟，過度料理口感不佳，請先把藥材用小火慢煮出該有的風味，
　　最後再加入草蝦。

仙草雞湯

亂亂煮
08

需要清熱瀝溼、降火解暑時就來一鍋，用純
粹的仙草茶燉煮的仙草雞湯，湯頭可是滿滿
好滋味。

鍋具：琺瑯鑄鐵鍋
容量：18cm/2.0L

材料 [3人]

帶骨雞肉塊──700g

無糖仙草茶──1000ml

紅棗──5顆

薑片──2片

調味料

鹽──少許

作法

1　雞肉清洗瀝乾、紅棗洗淨淺淺劃一刀。

2　起一鍋冷水放入雞肉，開中大火煮滾。

3　水滾將雞肉和鍋子沖洗乾淨備用。

4　原鍋放入汆燙後的雞肉、紅棗和薑片，倒入仙草茶煮滾。

5　撈除浮沫轉小火，蓋鍋留縫燉煮1小時。

6　最後加少許鹽調味即完成。

美味小撇步

◆　若使用仙草乾，清洗乾淨後煮2小時可成仙草茶。

◆　燉煮時蓋鍋留縫，避免噗鍋也可讓骨腥味飄出。

四神
赤肉湯

總喜歡喝夜市裡的四神湯，自己煮以瘦肉來
代替腸子簡單又可口，四神有利水排溼、安
神健脾、利尿消水腫的功效，夏天煮來喝喝
增強代謝很不錯哦！

鍋具：不鏽鋼鍋
容量：20cm/3L

材料［2～3人］
豬後腿肉──350g
中藥材──共計200g（包含
蓮子、薏仁、芡實、山藥等）

櫛瓜──1條（200g）
清水──2000ml

調味料
鹽──少許
米酒──少許

作法

1　四神中藥材泡水10分鐘瀝乾、瘦肉切0.5公分薄片、櫛瓜切1～1.5公分厚。

2　起一湯鍋放入中藥材和清水，開中大火煮滾撈除浮沫轉小火。

3　蓋鍋留縫燉煮50分鐘。

4　放入瘦肉和米酒再煮10～20分鐘並撈除浮沫。

5　最後加入櫛瓜片和少許鹽調味，再煮2～3分鐘即完成。

美味小撇步

◆ 每家中藥房提供的藥膳配方稍有差異，請使用自己購買的四神藥膳配方即可。

◆ 務必撈除漂出的浮沫，浮沫和雜質越少，湯頭越清甜。

◆ 享用之前別忘了淋上少許米酒更對味喔！

桃膠
美人湯

滿滿膠原蛋白，做起來很簡單的滋養聖品，
女孩們兒常常喝，養顏美容又環保。

鍋具：不鏽鋼湯鍋
容量：18cm/1.8L

材料 [1 ～ 2 人]
珍珠桃膠——30g
皂角米——20g
雪燕——5g

紅棗——3顆
清水——700ml

調味料
糖——隨喜好

作法

1 將桃膠、皂角米和雪燕分別泡水20小時，水放多一點無妨，乾料發起來份量大多翻好幾倍。

2 乾料發好之後，耐心清洗乾淨，將雜質去除後瀝乾。

3 紅棗用刀子劃開，每一顆一刀即可。

4 起一小湯鍋，先放入桃膠、皂角米和紅棗，倒入清水煮滾撈除浮沫。

5 轉小火蓋鍋留縫煮30分鐘，中途要用湯勺翻拌一下避免黏鍋底。

6 最後倒入雪燕和糖，再煮10分鐘即可享用。

美味小撇步

◆ 乾料泡發後，放在水裡慢慢撈出來，比較容易發現雜質。

◆ 皂角米發起來有些黏糊感是正常的。

◆ 糖最後再加，食材比較容易煮軟。

Chapter

2

~~~~~

11-22

亂亂煮
婆婆媽媽鍋

舌尖上的古早味！
亂亂煮個超想念的婆婆媽媽鍋。

馬鈴薯
麻油雞

在傳統的麻油雞裡加入馬鈴薯，馬鈴薯吸入
濃濃麻油雞湯，比雞肉還好吃。

鍋具：琺瑯鑄鐵鍋
容量：24cm / 3.1L

材料 [2人]
帶骨雞肉切塊——1000g
老薑——40g
馬鈴薯——180g
水——400ml

調味料
黑麻油——4大匙
米酒——600ml
白胡椒——少許
米酒——2大匙
鹽——1 ~ 1.5小匙

作法

1　馬鈴薯切塊、老薑切片。

2　起一鍋放入雞塊，加水以大火煮滾，再整鍋端到水龍頭下，雞肉和鍋
　　子都好好洗乾淨，雞肉瀝乾。

3　原鍋擦乾，中小火倒入3大匙麻油，放入老薑片，慢慢煸出薑香。

4　放入汆燙後的雞肉並耐心拌炒，使雞肉表面都微微變深色。

5　接著倒入米酒和清水，大火煮滾。

6　水滾將浮沫撈除，轉中小火煮30分鐘。

7　放入馬鈴薯塊，再煮15分鐘。

8　最後用少許鹽和白胡椒調味，並再淋入1大匙麻油即可關火。

美味小撇步

◆　麻油煸薑用中小火即可，油溫太高麻油會變苦。

◆　馬鈴薯也可省略，雞肉全程燉煮45分鐘可享用。

◆　清水可用米酒或高湯替代。

◆　也可以加入豆皮、米血糕和高麗菜。

老菜脯
花菇雞湯

亂亂煮 12

陳年蘿蔔乾有股說不出的婆媽古早鮮甜味，
加點花菇燉起來的雞湯，可好喝了。

鍋具：琺瑯鑄鐵鍋
容量：22cm / 3.3L

材料 [4人]

帶骨雞肉切塊——1000g
老菜脯——60g
花菇——80g
薑片——3片
水——1500ml

調味料

白胡椒——少許
米酒——1大匙
鹽——少許

作法

1　菜脯切小段、花菇洗淨無須浸泡。

2　起一鍋放入雞塊，加水大火煮滾，整鍋端到水龍頭下，雞肉和鍋子都
　　好好洗乾淨，雞肉瀝乾。

3　原鍋擦乾，中小火起油鍋，放入老菜脯，慢慢煸出菜脯香。

4　放入汆燙後的雞肉並耐心拌炒，使雞肉表面都微微變深色。

5　接著放入花菇和薑片，倒入清水大火煮滾。

6　水滾將浮沫撈除，轉小火煮1小時。

7　最後用少許鹽和白胡椒調味，並再淋入1大匙米酒即可關火。

美味小撇步

◆　乾花菇燉煮1小時，香氣會完全釋放在湯裡，所以煮前無須浸泡。

◆　老菜舖先油煸過，香氣十足。

◆　菜脯有鹹味，湯頭請斟酌加鹽份量。

亂亂煮

13

青木瓜
燉土雞

木瓜酵素能輕易使肉類的蛋白質釋出，這一
鍋輕鬆煮的雞湯馬上變成高蛋白天然滋補湯。

鍋具：不鏽鋼湯鍋
容量：20cm/3L

材料 [4人]
土雞肉切塊──550g
青木瓜──500g
杏鮑菇──200g
薑片──4片

清水──1500ml
雞高湯──400ml

調味料
白胡椒──少許
米酒──2大匙
鹽──2小匙

作法
1 青木瓜去皮去籽切塊、杏鮑菇切滾刀塊。
2 起一鍋放入雞塊，加冷水以大火煮滾，整鍋端到水龍頭下，雞肉和鍋子都好好洗乾淨。
3 鍋裡放入汆燙後的雞肉、薑片和青木瓜，倒入雞高湯和清水1500ml後蓋鍋煮滾。
4 水滾將少許浮沫撈除，蓋鍋留縫煮30分鐘。
5 放入杏鮑菇、加米酒，再煮10分鐘。
6 最後用少許鹽和白胡椒調味即完成。

美味小撇步
◆ 青木瓜會使雞肉軟化，全程煮40分鐘，雞肉即可軟透。
◆ 我用的青木瓜裡頭有些許泛紅，但它還是很生的青木瓜。

薑絲蜆仔湯

酷熱的夏天喝一碗蜆仔湯清肝解暑，即使把
湯放涼來喝也無比美味。

鍋具：不鏽鋼湯鍋
容量：16cm/1.5L

材料 [4人]
蜆仔——600g
薑絲——7g
清水——800ml

調味料
鹽——1小匙

作法

1 起一湯鍋不放油,加水後蓋鍋燒滾。
2 水滾放入薑絲和蜆仔,蓋鍋煮至湯滾立即開蓋。
3 蜆仔會陸續開殼,撈除蜆湯表面浮沫。
4 加入鹽調味即完成。

美味小撇步

◆ 這道清爽的蜆湯無須添加油來料理。
◆ 也可以適量蒜頭取代薑絲更有滋養功效。
◆ 若喜歡喝蜆湯,可使用較大容量鍋具,清水份量可提高至1500ml,煮法相同。

亂亂煮

15

味噌蛤蜊
鮮魚湯

新鮮的海魚和蛤蜊,即使不加薑絲提味,也
能成就一鍋營養豐富的好湯。

鍋具:不鏽鋼湯鍋
容量:24cm/3.1L

材料 [4人]

海魚──1尾（400g）
蛤蜊──600g
豆腐──200g
蔥花──20g
清水──1200ml

調味料

白味噌──1.5大匙
鰹魚露──1大匙
白胡椒──少許

作法

1　冷鍋將魚塊放入，加水，開大火。

2　水大滾，將浮沫撈除，繼續煮5分鐘。

3　倒入蛤蜊和豆腐，再煮2分鐘。

4　過程中，舀一瓢湯把味噌化開，蛤蜊開殼後倒入味噌和鰹魚露調味。

5　撒入蔥花和白胡椒即完成。

美味小撇步

◆　若想加薑絲，可於放魚塊時一同下鍋。

◆　若使用日式味噌，請於關火之前再入鍋以保留味噌香氣，若使用韓式味噌，湯滾即下鍋
　　也不影響風味。

亂亂煮

16

酸白菜
鮮蚵湯

煮蚵仔湯，我偏愛用酸白菜來取代酸菜心，
酸白菜帶勁兒的酸更能讓鮮蚵蹦出甜味兒。

鍋具：不鏽鋼湯鍋
容量：16cm/1.5L

材料 [2人]
鮮蚵——300g
酸白菜——120g
薑絲——20g
清水——600ml

調味料
鹽——少許
米酒——1大匙
白胡椒——少許
胡麻油——少許

抓洗料
鹽——1小匙

作法
1　酸白菜切絲洗淨瀝乾。
2　鮮蚵放入調理盆加鹽輕輕抓洗，再將水沖進盆裡，用手撈出鮮蚵於瀝
　　水盆，重複沖水撈出動作6～7次直到鮮蚵洗淨為止。
3　起一湯鍋不放油，加水蓋鍋以中火燒滾。
4　水滾放入酸白菜和薑絲，煮至湯再滾。
5　放入鮮蚵煮至湯再滾即可關火，此時鮮蚵摺葉已張開。
6　最後加入調味料即完成。

美味小撇步
◆　湯一共滾3次就能煮好鮮蚵湯，千萬不要煮太久避免鮮蚵縮水。
◆　使用酸菜心切絲取代酸白菜也好吃。

亂亂煮

17

長年菜
雞湯

一鍋到底先燙熟全雞拜拜，再繼續煮鍋添福
添壽的長年菜雞湯圍爐，聰明好媳婦過年省
工又省力。

鍋具：琺瑯鑄鐵鍋
容量：24cm/4.2L

材料 [4人]

全雞——1隻（約1200g，或可
將雞肉切塊、或改用雞腿）
芥菜——500g
金華火腿切片——50g
珠貝乾——30g

去皮蒜瓣——180g
薑片——3片
清水——1500ml
雞高湯——400ml

調味料

白胡椒粒——10粒
米酒——2大匙
鹽——少許

作法

1 芥菜洗淨瀝乾切塊、其他材料沖水瀝乾。
2 起一鍋冷水放入薑片和全雞，水滾將全雞和薑片取出並沖洗乾淨備用。
3 原鍋水滾放入芥菜汆燙1分鐘撈出並沖水瀝乾，將鍋裡水倒除，鍋子洗淨。
4 鍋裡放入薑片和白胡椒粒，倒入清水1500ml蓋鍋煮滾。
5 水滾放入全雞煮12分鐘可取出拜拜，若沒有要拜拜可省略此步驟。
6 雞肉放回鍋中，加入金華火腿、珠貝乾和蒜瓣，水滾撈除浮沫。
7 倒入雞高湯和米酒待湯煮滾，轉小火繼續煮30 ～ 40分鐘。
8 放入汆燙後的芥菜，再煮10分鐘，加少許鹽調味即完成。

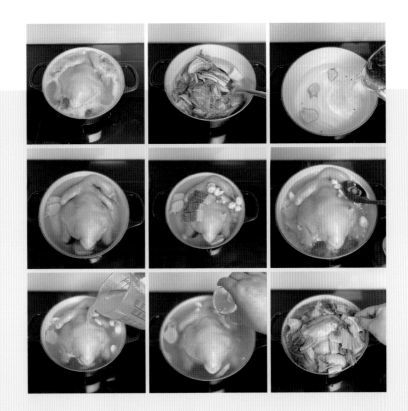

美味小撇步

◆ 使用雞高湯，湯頭更濃郁，不喜歡雞高湯，可用清水取代。
◆ 加金華火腿增加湯頭風味，能讓芥菜嚐起來更滑順不澀口。
◆ 雞下鍋後全程不蓋鍋，避免噗鍋也可讓骨腥味飄出。

花雕焢肉
夾刈包

油油亮亮的滷三層肉，還沒吃就先吞口水，
蒸個刈包夾來吃，人間美味啊！

鍋具：琺瑯鑄鐵鍋
容量：24cm / 3.1L

材料 [12 份]

三層肉——12 片（共 1.5kg）
花雕酒——2 瓶（共 1200ml）
蔥——8 根
薑——1 塊（拍裂）
辣椒或乾辣椒——隨喜好

蒜瓣——6 瓣
刈包——12 個

調味料

醬油——150g

老抽——50g
冰糖——3 大匙
月桂葉——1 片
花椒——1 小匙
白胡椒粒——1/2 小匙
八角——2 粒

作法

1　冷水汆燙三層肉，水燒開後，將三層肉正反面燙至變白，取出三層肉清洗乾淨，鍋子也
　　洗乾淨避免滷汁有浮沫。

2　鍋裡下一點油，熱油把蔥薑蒜都炒出香味後，連同花椒、八角、白胡椒粒、乾辣椒和月
　　桂葉一起裝入滷包棉布袋。沒有棉布袋也沒關係，就繼續第 3 步驟。

3　將燙好的三層肉放入鍋裡，兩面煎焦焦，接著放入辛香料棉袋包和冰糖。

4　倒入花雕酒、醬油、老抽，以中大火將滷湯燒滾（醬油花雕酒的高度要剛好蓋到肉，滷
　　湯太少不好滷，倒太多浪費錢，花雕酒很貴）。

5　大火燒滾後撈除浮沫，轉小火蓋鍋留縫或不蓋鍋讓酒氣散出，慢慢燉滷 1.5 小時。

6　關火取出棉布袋，沒裝棉布袋的辛香料，能夾的都夾出來，蓋上鍋蓋燜超過 4 小時就會
　　入味軟爛了。

美味小撇步

◆　為了不浪費花雕酒，我使用容量剛好的鍋具，建議使用的鍋具比材料總容量大一些會比
　　較好操作。

◆　可自行準備酸菜、花生粉及香菜一起夾入刈包中更對味。

蘿蔔排骨湯

從小喝到大的蘿蔔排骨湯，到底要怎麼煮，湯頭才會清甜呢？冬天是白蘿蔔最甜美的季節，一起用一鍋蘿蔔排骨湯在寒冬裡溫暖全家人的胃。

鍋具：不鏽鋼湯鍋

容量：20cm/3L

材料 [4人]
切塊排骨──900g
白蘿蔔──1條 (600g)
薑片──3片
芹菜──隨喜好
清水──2000ml

調味料
白胡椒粉──少許
米酒──少許
鹽──少許

作法
1　白蘿蔔去皮切塊、芹菜梗切細末。
2　起一鍋冷水放入排骨，水滾將排骨取出並沖洗乾淨備用，鍋子也要洗乾淨。
3　原鍋放入汆燙後的排骨，倒入清水2000ml煮滾。
4　水滾撈除浮沫，放入薑片，蓋鍋留縫轉小火煮30分鐘。
5　接著放入白蘿蔔，淋點米酒，蓋鍋留縫繼續煮30分鐘。
6　最後加少許鹽調味，撒入芹菜末和白胡椒粉即完成。

美味小撇步
◆　排骨全程以小火慢煮1小時一定會軟爛，白蘿蔔煮20～30分鐘即可熟透。
◆　蓋鍋留縫可讓骨腥味飄出。
◆　浮沫和雜質一定要清除乾淨，湯頭才會清甜。
◆　煮好的湯份量大致淹過材料，這樣湯頭是最甜的，水不要加太多。

油豆腐
細粉

這是我童年家裡餐桌的老味道，清爽微酸的湯頭裡有榨菜、蛋皮、粉絲和包著絞肉的豆皮。

鍋具：琺瑯鑄鐵鍋
容量：22cm / 2.6L

材料 [3人]
豬絞肉——100g
油揚福袋——2個 (或豆皮2張)
粉絲——2把
榨菜絲——50g
蔥——1支
雞蛋——2顆
海苔絲——隨喜好
油豆腐——180g

雞高湯或清水——1000ml

內餡調味料
米酒——1/2小匙
醬油——1/2大匙
香油——1小匙
地瓜粉——1小匙
白胡椒——少許
糖——少許

調味料
白醋——少許
白胡椒——少許
鹽——少許

麵糊
麵粉——1/2大匙
清水——1小匙

作法

1　粉絲以溫水泡軟、將每個油揚福袋2短邊和1長邊剪開成為一張豆皮，蔥切細蔥花，絞肉拌入內餡調味料，麵糊攪拌備用、雞蛋攪打均勻。

2　將調味好的絞肉以豆皮包成長條狀，用麵糊封口，麵糊抹上的面積可以大一些避免繃開。

3　起油鍋中小火，先將蛋汁倒入炒出蛋香後，放入榨菜稍微拌炒出香氣。

4　放入油豆腐並加水煮滾，接著放入豆皮肉卷，待肉卷煮熟浮起，將肉卷切成小段再放回湯中。

5　放入泡軟的粉絲，煮2分鐘，最後以少許鹽、白醋和白胡椒調味，撒入蔥花及海苔絲即完成。

美味小撇步

◆ 正宗的油豆腐細粉裡頭的豆皮捲肉會用百頁豆皮，但百頁豆皮不好買，建議可用自己喜歡的豆皮或千張取代。

◆ 用雞高湯湯頭較濃郁，用清水湯頭較清爽。

酸辣
麵疙瘩

自己簡單揉的麵疙瘩，燙熟後盛入滿滿料的
酸辣湯中，來開動享用嘍！

鍋具：不鏽鋼湯鍋
容量：24cm/3.1L

麵疙瘩材料 [3 ～ 4人]
中筋麵粉──120g
水──65g
鹽──1g

酸辣湯材料 [3 ～ 4人]
豬肉絲──100g
牛番茄切丁──250g
胡蘿蔔絲──50g
黑木耳絲──50g

金針菇──100g
水血切塊──150g
豆腐切塊──100g
綠竹筍絲──85g
雞蛋──2顆 (攪打均勻)
香菜──少許
蒜末──10g
清水──1500ml

調味料

鹽──1小匙
糖──2小匙
鰹魚露──4大匙
白醋──2大匙
黑醋──2大匙
白胡椒粉──1/2小匙

勾芡水
玉米粉──2大匙
水──3大匙

作法

1　先來做麵疙瘩，麵粉裡放入鹽攪拌均勻，接著水分3次加入麵粉中攪拌成糰，將麵團揉捏至不黏手，蓋上小碗或覆蓋保鮮膜醒麵30分鐘。

2　將麵團搓成長條，可用手指直接邊拉邊捏成一口大小，或是壓扁用刀切塊都可以。

3　起滾水，放入麵疙瘩，麵疙瘩浮上來再煮1分鐘即可撈出，淋一點香油避免沾黏。

4　接著起一湯鍋放油，先將牛番茄丁炒軟出汁，倒入肉絲和蒜末拌炒出香氣。

5　再放入胡蘿蔔絲、木耳絲、筍絲和金針菇拌炒炒軟。放入豆腐和水血，加水蓋鍋燒滾。

6　水滾倒入調味料，拌勻後緩緩倒入勾芡水，湯再滾倒入蛋汁，蛋花煮熟可輕輕攪拌，撒入香菜即完成。

美味小撇步

◆ 自己做的麵疙瘩Q彈有嚼勁，若麵團太黏可撒些手粉慢慢揉至不黏手即可。

◆ 酸辣湯的材料可自行增減，湯頭好喝，料少樣一些不影響風味。

◆ 玉米粉勾芡屬於薄芡，想勾濃芡可改用地瓜粉或太白粉。

亂亂煮

22 香菇皮蛋
瘦肉粥

皮蛋瘦肉粥是一道能讓人感到幸福的粥品，尤其
在冷冷的寒冬裡喝上一碗，暖心又暖胃啊！

鍋具：不鏽鋼湯鍋
容量：20cm/3L

材料［4人］
白飯——500g
豬絞肉——300g
皮蛋——4顆
玉米粒——150g（可略）
乾香菇——20g
蔥花——20g

薑泥——1/2小匙（可略）
蒜泥——1小匙
清水＋泡香菇水——1500ml

醬汁
糖——2小匙
薄鹽醬油——1大匙

調味料
白胡椒——少許
鹽——1大匙
香油——少許

作法

1　皮蛋壓碎或切碎、乾香菇快速沖洗後以冷水泡軟去水切小丁，泡香菇水留下備用。

2　中小火起油鍋，鍋熱倒入絞肉翻炒至全熟並炒乾水分。

3　加入香菇丁、薑泥和蒜泥，拌炒出香氣。

4　倒入醬汁翻炒入味，接著倒入白飯、玉米粒、泡香菇水和清水。

5　用湯匙好好翻拌均勻，蓋鍋煮滾後轉小火煮5～7分鐘，待白飯呈現粥狀。

6　倒入碎皮蛋翻拌並加調味料調味，最後撒入蔥花即完成。

美味小撇步

◆ 喜歡單純的皮蛋瘦肉風味，可不加香菇和玉米粒。

◆ 使用白飯煮粥可節省大量時間。

Chapter

3

〰〰〰

23-32

亂亂煮
封存的美味

封存的美妙滋味，
銷魂乾貨亂亂煮。

亂亂煮

23

金華火腿
香菇雞湯

煮香菇雞湯時，只要加少許金華火腿就能慢
火燉出鮮甜出色的完美湯頭。

鍋具：琺瑯鑄鐵鍋
容量：26cm/4.1L

材料 [4人]

土雞腿塊——800g
薑片——4片
花菇——100g
金華火腿——40g
清水——1800ml

調味料

米酒——100ml
鹽——1小匙
白胡椒——少許

作法

1　花菇沖洗乾淨無須浸泡、金華火腿切片。

2　帶骨雞肉置於湯鍋，加水蓋過雞肉，開中火水大滾會產生很多浮沫，
　　將鍋子端到水龍頭下，把鍋子和雞肉都好好沖洗乾淨。

3　雞肉放回原鍋，加入薑片、金華火腿、清水和花菇，大火煮滾。

4　撈除浮沫，加米酒再煮滾轉小火蓋鍋留縫燉煮1小時。

5　最後以鹽和白胡椒調味即完成。

美味小撇步

◆　因為燉煮時間夠長，花菇不泡開直接燉煮，風味更迷人。

◆　有加金華火腿燉湯頭，只須少許鹽調味即可。

◆　也可以加珠貝一起燉，湯頭會更濃郁。

亂亂煮

24 珠貝竹笙
山藥排骨湯

珠貝排骨湯底好鮮甜，竹笙口感脆脆美妙，
山藥鬆軟綿密，好喜歡這樣的組合！

鍋具：琺瑯鑄鐵鍋
容量：24cm / 3.2L

材料 [3 人]
排骨——500g
山藥——300g
珠貝——25g
竹笙——10g
薑片——2 片

枸杞——少許
清水——1500ml

調味料
米酒——少許
鹽——少許
白胡椒——少許

作法

1　珠貝洗淨瀝乾無須浸泡、竹笙浸泡10分鐘洗淨剪去蒂頭後分切小段、山藥去皮切塊。

2　起一湯鍋放入排骨和冷水，冷水淹過排骨，開中大火煮滾。

3　水滾將鍋子端到水龍頭下，排骨和鍋子都務必沖洗乾淨。

4　原鍋放入汆燙後的排骨、珠貝、薑片和竹笙，加清水並以大火煮滾。

5　撈除浮沫轉小火，蓋鍋留縫燉煮40分鐘。

6　接著將山藥和枸杞放入再煮15分鐘，最後加少許米酒、鹽和白胡椒調味即完成。

美味小撇步

◆　山藥刨皮時，建議戴上手套避免山藥黏液使皮膚發癢。

◆　珠貝燉煮30分鐘以上，鮮甜風味會完全釋放，所以燉湯時珠貝無須浸泡。

◆　汆燙後的排骨盡量沖洗乾淨，煮湯時浮沫會非常少。

◆　山藥和枸杞放入鍋裡湯滾後，也可以蓋上鍋蓋關火燜30分鐘，山藥也會熟透綿密。

扁魚米粉湯

用扁魚乾來煮一鍋古早味米粉，簡單便宜又
美味。

鍋具：琺瑯鑄鐵鍋
容量：20cm/2L

材料 [2人]
扁魚乾——30g
豬肉絲——100g
大白菜——250g
米粉——100g
胡蘿蔔——30g

高湯或清水——1200ml
蔥花或香菜——少許

調味料
鹽——1小匙
白胡椒粉——少許
胡麻油——少許

作法

1　將扁魚沖水洗去雜質，盡量將魚刺剔除後切小塊，大白菜切塊、胡蘿蔔切絲、米粉泡軟。

2　中小火起油鍋，鍋熱放入肉絲炒乾豬肉組織液，再加入扁魚煎出香氣。

3　接著放入大白菜和胡蘿蔔簡單翻炒。

4　加入清水煮滾，再放入米粉煮熟。

5　最後加入調味料調味，撒入少許蔥花或香菜可關火。

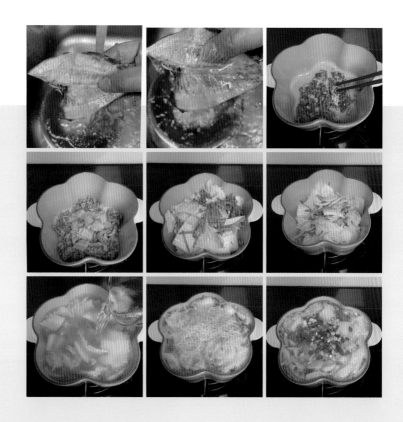

美味小撇步

◆　扁魚在南北雜貨乾料店可買到，價格不貴。

◆　將扁魚沖水後，務必將表面兩側整排的小刺去除，才不會影響口感。

◆　米粉可隨喜好使用全米做的或炊粉，請注意烹煮時間有差異。

小管一夜干
燉雞湯

我的母親很喜歡用魷魚乾燉雞湯，那鮮濃的
海味使雞湯喝起來鮮甜十足，我改以小管一
夜干來煮雞湯，鮮甜的海味不變，一夜干燉
煮後更好入口。

鍋具：不鏽鋼湯鍋
容量：20cm/3L

材料［4人］

土雞腿塊──800g
薑片──3片
小管一夜干──85g
清水──2000ml

調味料

米酒──100ml
鹽──1/2大匙或自行增減
白胡椒──少許

作法

1　帶骨雞肉置於湯鍋，加水蓋過雞肉，水大滾，將鍋子和雞肉都好好沖洗乾淨。

2　雞肉放回原鍋，加入薑片和小管一夜干，加水2000ml和米酒，中火煮滾。

3　撈除浮沫，轉小火蓋鍋留縫燉煮1小時。

4　將小管一夜干分切或用料理剪剪小塊，雞湯以鹽和白胡椒調味和米酒即完成。

美味小撇步

◆　入鍋燉煮時，小管一夜干先不分切，燉好時分切放回雞湯中或可單獨享用都很棒！

◆　也可用魷魚乾來燉煮，魷魚乾無須先發泡可直接下鍋。

亂亂煮
27

金針排骨湯

最簡單的一鍋家常湯品，只要把排骨處理乾淨，靜靜等待就能享用美味湯頭！

鍋具：不鏽鋼湯鍋
容量：20cm/2.4L

材料［3人］
排骨——700g
薑片——3片
金針乾——25g
清水——1800ml

調味料
米酒——少許
鹽——少許
白胡椒——少許

作法

1　起一湯鍋放入排骨和冷水，冷水淹過排骨，開中大火煮滾。

2　水滾將鍋子端到水龍頭下，排骨和鍋子都務必沖洗乾淨。

3　原鍋放入汆燙後的排骨和薑片，加水並以大火煮滾。

4　撈除浮沫轉小火，蓋鍋留縫燉煮50分鐘。

5　金針乾蒂頭比較硬口感不好，折掉不要使用，金針乾用水沖洗乾淨無須浸泡。

6　排骨煮好，將金針乾放入再煮10分鐘，最後加少許白胡椒，米酒和鹽調味即完成。

美味小撇步

◆　金針乾很快就能煮開，我通常不會浸泡。

◆　喜歡薑味可於起鍋前投入一些嫩薑絲。

蝦米花菜乾
豆腐湯

亂亂煮
28

雖說這一鍋湯挺陽春，但蝦米煸出的鮮香加
上花菜乾的古早味，也讓豆腐湯多了一分好
味道。

鍋具：琺瑯鑄鐵鍋
容量：20cm/2.4L

材料 [2人]
蝦米——10g
花菜乾——50g
板豆腐——400g
高湯或清水——1200ml
香菜或蔥花——少許

調味料
鹽——1小匙
白胡椒粉——少許
胡麻油——少許

作法
1　花菜乾泡水30分鐘洗淨瀝乾、蝦米洗淨瀝乾、板豆腐切塊。
2　中小火起油鍋，鍋熱放入瀝乾的蝦米煸出香氣。
3　接著放入花菜乾拌炒出菜乾香，放入豆腐，加入清水煮滾撈除浮沫。
4　轉小火繼續煮10分鐘，花菜乾會漲大。
5　最後加入調味料調味，撒入少許香菜或蔥花可關火。

美味小撇步
◆　花菜乾顏色越深，泡的時間需要越長，務必清洗乾淨。
◆　花菜乾在南北雜貨乾料店可以買到。

亂亂煮
29

昆布黃豆芽
豬肉番茄湯

富含營養的昆布、黃豆芽和番茄，一起來煮
一鍋湯補充滿滿維生素和礦物質。

鍋具：不鏽鋼鍋
容量：20cm/2.4L

材料［2～3人］
昆布——8g
五花肉片——150g
黃豆芽——180g
牛番茄——300g
清水——1200ml

調味料
鹽——1小匙
白胡椒粉——少許

作法

1　先將昆布泡入清水冷藏隔夜，將昆布取出切粗絲。

2　牛番茄切小丁，中小火起油鍋，鍋熱放入牛番茄炒出番茄紅素。

3　放入五花肉片，炒至完全變灰白色。

4　加入黃豆芽和昆布高湯水煮滾，撈除浮沫後繼續煮10分鐘。

5　最後放入昆布絲，加少許鹽和白胡椒粉調味即可關火。

美味小撇步

◆ 乾燥的昆布一定要泡水釋出甜味在水中形成高湯。

◆ 昆布下鍋不要超過1分鐘，否則湯頭會糊掉，下鍋後速速調味關火。

小魚乾
空心菜湯

15分鐘就能來一鍋清爽的補鈣湯。小魚乾和
葉菜類含鈣第一名的空心菜一起煮，一起來
補鈣、簡單不費力。

鍋具：琺瑯鑄鐵鍋
容量：18cm/1.8L

材料［2人］
小魚乾──25g
空心菜──200g
清水──1000ml

調味料
鰹魚露──3大匙
白胡椒粉──少許

作法

1 小魚乾先用水沖洗乾淨，泡入水中大約10分鐘，空心菜切段。

2 中小火起油鍋，鍋熱放入瀝乾的小魚乾煸出香氣。

3 加入清水煮滾繼續煮5分鐘，放入空心菜。

4 湯再煮滾，加入鰹魚露調味，湯再滾撒入少許白胡椒粉即可關火。

美味小撇步

◆ 泡小魚乾的水雜質比較多可以丟棄。

麻辣臭豆腐

愛吃這一味又喜歡享受烹飪樂趣的朋友，建議一定要試試這一鍋好味道，按照食譜煮起來比各大夜市的臭豆腐還好吃。

鍋具：不鏽鋼湯鍋
容量：24cm/3.1L

材料 [4 ～ 6 人]

生臭豆腐——1000g
豬絞肉——300g
乾香菇——50g
蝦米——30g
小魚乾——40g

蒜瓣——20g
嫩薑——10g
毛豆——150g
辣椒——2根
香菇水——500ml
清水——700ml

調味料

麻辣醬——3大匙
薄鹽醬油——100ml
白胡椒——1小匙
香油——2大匙
辣椒醬——隨喜好
鹽——適量

作法

1　生臭豆腐務必用清水將表面滷水洗掉，分切成一口大小再泡水洗淨瀝乾，用叉子戳些小孔。

2　乾香菇以500ml冷水泡軟、擠乾切絲，香菇水留著備用，小魚乾和蝦米洗淨瀝乾無須浸泡，蒜瓣和嫩薑切細末。

3　起一湯鍋倒入少許油，油熱先將絞肉炒熟，再放入香菇絲、小魚乾和蝦米拌炒出乾料香氣。

4　接著放入薑末、蒜末和麻辣醬拌炒出蒜香，放入臭豆腐，倒入香菇水和清水。

5　倒入醬油、放入辣椒和辣椒醬，大火煮滾轉小火煮50分鐘。

6　最後加入毛豆和香油，若不夠鹹可補點鹽，再煮10分鐘即可關火。

美味小撇步

◆　生臭豆腐一定要洗乾淨，湯頭才會清甜無雜質。

◆　我家的習慣會將成品冷藏在冰箱1～2日，使臭豆腐更入味再蒸熱來食用。

澎湖石鮔
乾滷肉

亂亂煮 32

澎湖特有的石鮔乾常被當地婆婆媽媽拿來滷
肉和滷排骨，那來自大海的鮮美完整滲透到
排骨裡，使排骨散發出迷人的滋味。

鍋具：琺瑯鑄鐵鍋
容量：20cm/2.4L

材料 [4人]
排骨——700g
石鮔乾——3尾
甜蔥——1支
薑片——4～5片
蒜頭——隨喜好

辣椒——隨喜好
月桂葉——2片
清水——300ml
泡石鮔乾的水——500ml

調味料
米酒——300ml
薄鹽醬油——200ml
冰糖——40g

作法

1 石鮔乾泡冷水1小時，取出剪小塊，水留著備用。

2 起一鍋放入排骨，加水淹過排骨，開大火煮滾。

3 煮滾浮沫很多，將鍋子和排骨都沖洗乾淨。

4 原鍋倒一點油放入蔥薑和辣椒煸出香氣，下排骨和冰糖，翻炒至冰糖溶解，接著倒入醬油、米酒、水和月桂葉。

5 石鮔放進來、泡石鮔的水也倒進來，開大火蓋鍋煮滾。

6 湯滾先撈除浮沫，蓋鍋留縫或不蓋鍋讓酒氣飄出，轉小火煮1小時就可以關火了。

美味小撇步

◆ 石鮔外型很像章魚，澎湖漁家會將石鮔曝晒於烈日下和海風中，將其濃濃海味封存，建議用來燉湯、滷肉都可以增添料理的鮮味與層次。

◆ 滷好排骨後，滷湯可用來滷蛋和滷豆乾之後再丟棄。

Chapter

4

~~~

33-44

亂亂煮
人氣鍋

在家隨時都能嗑！
亂亂煮個人氣鍋。

奶油味噌
烏龍麵

想起蠟筆小新愛吃的奶油味噌烏龍麵，
簡單的材料拿來煮一小鍋剛剛好。
用兩顆雞蛋代替那薄如絲的叉燒肉也沒有比較吃虧啦！

鍋具：琺瑯鑄鐵鍋
容量：18cm/1.8L

材料［1人］

奶油——1塊（5～15g隨喜好）
冷凍熟烏龍麵——1人份
雞蛋——2顆
青蔥——1支

熟玉米粒——100g
雞高湯——400ml
清水——300ml

調味料

白味噌——1.5大匙
白醬油——適量（不夠鹹再加）

作法

1　雞蛋攪打均勻成蛋汁、青蔥切細絲泡入冷水備用、奶油先冷藏待麵煮好再取出。
2　中小火起油鍋，熱鍋倒入蛋汁，輕輕撥一撥炒嫩嫩就先拿出來。
3　原鍋倒入雞高湯和清水，並舀一點冷湯出來將味噌拌成糊備用。
4　蓋鍋、湯滾放入麵條，麵條鬆一下，湯再滾倒入味噌拌勻，湯很快冒小泡泡就轉最小火。
5　接著依序把炒蛋、玉米粒放入鍋裡，關火後放入蔥絲和奶油就可以了。

美味小撇步

◆ 北海道有名的奶油味噌拉麵是專業師傅熬了很久的大骨湯，書裡這道我們用雞高湯代替，若只用清水風味會比不上喔！

亂亂煮
34
〰〰

菇菇蔥蛋
豆腐湯

冰箱沒有肉想喝鍋好湯也沒有那麼難，我們用雞蛋和凍豆腐，也能煮一鍋色香味俱全的好湯。

鍋具：琺瑯鑄鐵鍋

容量：20cm/2L

材料 [2人]

蘑菇——100g
板豆腐——400g
雞蛋——2顆
青蔥——30g
清水——1000ml

調味料

胡麻油——2大匙
糖——2小匙
薄鹽醬油——2大匙
鹽——少許
黑胡椒——少許

作法

1　板豆腐切塊冷凍隔夜備用、蘑菇對切、雞蛋攪打均勻成蛋汁、青蔥切蔥花。

2　蔥花放入蛋汁攪拌均勻，中小火鍋裡倒入胡麻油，油稍熱倒入蔥蛋汁，輕輕撥一撥炒嫩嫩
　　就先拿出來。

3　原鍋放入蘑菇炒乾待蘑菇飄出香氣，撒入黑胡椒、糖和薄鹽醬油拌炒入味。

4　放入凍豆腐和清水，蓋鍋煮滾繼續煮10分鐘，嚐嚐味道若不夠鹹可補點鹽。

5　最後將蔥蛋倒回鍋裡即完成。

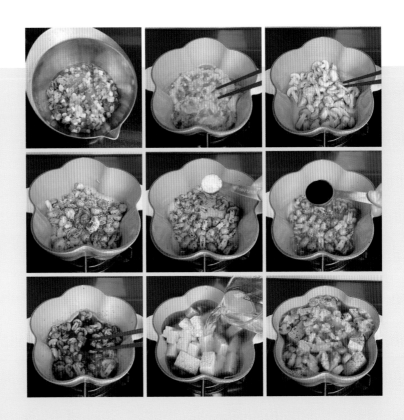

美味小撇步

◆　將板豆腐做成凍豆腐更能吸入湯汁，即使食材很簡單也能增添享用趣味。

◆　胡麻油切勿加熱太久，避免過燥。

亂亂煮
35

番茄雞蛋
蒲瓜豆皮麵

用大量牛番茄炒鍋底是我家最常出現的鍋物,除了湯頭酸甜好喝之外,滿滿的茄紅素加上去油的豆皮,健康沒負擔喔!

鍋具:琺瑯鑄鐵鍋

容量:24cm/3.1L

材料 [2～3人]
雞蛋——3顆
牛番茄——400g
炸豆皮——150g
蒜瓣——2個

蒲瓜——500g
蔥花——15g
清水——1000ml

調味料
鰹魚露——3大匙
白胡椒——少許

作法

1 炸豆皮切成寬條，起一鍋滾水汆燙豆皮，燙熟用冷水沖去炸油瀝乾。

2 蒲瓜切絲、牛番茄切丁、蒜瓣切細末、雞蛋攪打均勻。

3 起油鍋倒入蛋汁，炒七分熟先拿出來。

4 原鍋繼續倒點油來炒牛番茄，番茄是脂溶性用油耐心炒成糊，使其釋放茄紅素。

5 接著放入蒜末炒出蒜香，倒入蒲瓜和清水將蒲瓜煮軟，倒入鰹魚露調味。

6 最後放入汆燙好的豆皮，並將炒蛋倒回鍋裡，撒入蔥花和少許白胡椒即完成。

美味小撇步

◆ 這裡是使用大卷的炸豆皮，用鋒利的刀分切使其像寬版的麵條。

◆ 牛番茄務必耐心炒軟，湯頭才會有滋有味。

五花肉南瓜
豆乳年糕鍋

亂亂煮
36

用無糖厚豆乳搭配南瓜煮年糕,五花肉口感軟嫩,年糕滑糯
有嚼勁,豆乳湯喝到最後一口都濃郁清甜而不膩口。

鍋具:不鏽鋼湯鍋
容量:20cm/3L

材料［2人］
豬五花肉片——300g
冷凍南瓜片——100g
青菜——200g
蘑菇——85g

蒜瓣——2粒
韓式年糕——200g
無調味泡麵——1塊
雞蛋——2顆
無糖濃豆乳——900ml

清水——800ml

調味料
白醬油——100ml
黑胡椒——少許

作法

1　蒜瓣切細末、蘑菇切片、青菜切段。
2　起一可先炒後煮的湯鍋，開中小火，鍋熱放入五花肉片，煎焦焦後取出。
3　鍋裡補點油，倒入蛋汁炒蛋，也先取出。
4　放入蘑菇和蒜末拌炒出香氣，接著放入年糕。
5　倒入清水，水滾煮5分鐘，從鍋邊緩緩倒入濃豆乳，放入南瓜片，轉小火蓋鍋煮滾。
6　湯再滾放入泡麵、青菜，倒入白醬油，待泡麵煮軟。
7　最後將肉片和炒蛋倒回湯裡，撒入少許黑胡椒即完成。

美味小撇步

◆ 倒入豆乳時慢慢倒，才不會因為豆乳遇到熱湯變成豆花。
◆ 年糕下鍋後，時不時翻動一下底部，避免年糕黏鍋。
◆ 如果買到很大顆的南瓜，建議可以將生南瓜切片或切塊冷凍，煮湯可隨時取用，很方便。

亂亂煮

37

絲瓜蛤蜊粥

最簡單的粥品，絲瓜釋出清甜，蛤蜊釋出鮮甜，少許鹽調味，就有一鍋好粥。

鍋具：琺瑯鑄鐵鍋
容量：18cm/1.8L

材料 [1人]
蛤蜊——300g
絲瓜——400g
隔夜飯——1碗
薑片——2 片

清水——700ml
白醬油——100ml
黑胡椒——少許

調味料
鹽——少許
白胡椒——少許

作法

1 絲瓜切小片備用。

2 起油鍋下薑片，煸出薑香。

3 放入蛤蜊和清水300ml，蓋鍋煮滾。

4 不一會兒湯滾蛤蜊都開了，先把蛤蜊取出來。

5 白飯倒入湯中，再多加400ml的清水，將白飯煮至稀飯樣。

6 放入絲瓜繼續將絲瓜煮軟。

7 最後將蛤蜊倒回鍋裡，用鹽和白胡椒調味即完成。

美味小撇步

◆ 蛤蜊開了先拿出來，利用蛤蜊釋出的鮮甜湯汁來煮粥很美味。

◆ 蛤蜊泡鹽水吐沙，建議比照海水鹽分3%濃度。

亂亂煮
38

時蔬五花肉
炒烏龍

冰箱裡有什麼就用什麼，簡單炒一鍋烏龍麵，放點辣椒，窸窸窣窣好過癮。

鍋具：琺瑯鑄鐵平底鍋
尺寸：23cm

材料 [1人]
冷凍烏龍麵──1人份
五花肉──150g
芥蘭芽──120g
洋蔥──半顆

木耳──50g
雞蛋──1顆
蔥花──20g
辣椒──隨喜好

調味料
清酒──2大匙
冰糖──2小匙
薄鹽醬油──2大匙
胡麻油──1小匙

作法

1　芥蘭芽去硬皮切段、木耳剝小片、洋蔥切絲、辣椒切小丁、雞蛋攪打均勻。

2　燒一鍋水先把麵條鬆開瀝乾。

3　原鍋將水分倒除擦乾，倒點油先把蛋汁炒一炒，先取出來。

4　接著下五花肉片，肉炒熟後，放入洋蔥和木耳，耐心將洋蔥炒至透明。

5　放入芥蘭芽拌炒，倒入清酒繼續拌炒1分鐘。

6　倒入辣椒、冰糖、醬油和麵條拌炒入味。

7　最後將炒蛋和蔥花放入鍋中，淋點胡麻油再翻拌均勻即可享用。

美味小撇步

◆ 也可以使用其他麵條，麵條先煮熟，步驟6再下即可。

◆ 也可添加少許白醋，使炒麵微酸更開胃。

韓式鮮蝦豆腐寬粉

亂亂煮

39

冷冷的天氣裡，啜一口微辣鮮甜的湯頭，再塞一尾飽嘴Q彈
的白蝦，今天工作的辛勞一掃而空。

鍋具：琺瑯鑄鐵鍋
容量：18cm/1.8L

材料 [1人]

鳳尾蝦——10尾
寬粉——1人份
嫩豆腐——1盒
青江菜——2株
雞蛋——1顆
蔥花——15g

蒜瓣——5個
蘑菇——65g
昆布高湯或蝦湯——500ml

調味料

韓式辣醬——1.5大匙
鹽／黑胡椒——煎蝦用

鹽或醬油——若覺得湯不夠
鹹再加

抓洗料

太白粉——1小匙
米酒——1大匙

作法

1 寬粉以溫水泡軟瀝乾、雞蛋攪打成蛋汁、豆腐切塊、蒜瓣切細末、蘑菇切片、青江菜切小段。

2 將鳳尾蝦用抓洗料抓洗後洗淨瀝乾，再用紙巾擦乾。

3 起油鍋倒入蛋汁，簡單炒一下起鍋，原鍋下蝦子，兩面煎，再撒點鹽和黑胡椒，煎香香八分熟時起鍋備用。

4 原鍋下蘑菇和蒜末，若鍋底不好炒可補點油，炒出蒜香後，放入韓式辣椒炒出香氣。

5 放入豆腐，加高湯，蓋鍋煮滾，湯滾下寬粉煮一會兒呈現透明狀，放入青菜。

6 湯再燒滾，把鳳尾蝦和炒蛋夾回鍋裡，撒入蔥花就煮好了。

美味小撇步

◆ 蝦肉用抓洗料抓洗後會更Q彈。

◆ 下鍋前的蝦肉一定要擦乾，油煎才能飄出鮮蝦香氣。

味噌番茄
豬肉湯

亂亂煮 **40**

味噌和番茄也超搭，加一盒豆腐不吃飯也能吃飽飽。

鍋具：琺瑯鑄鐵鍋
容量：18cm／1.8L

材料 [1人]

梅花火鍋肉片——150g
牛番茄——300g
袖珍菇——120克
奶油白菜——3株

豆腐——300g
蒜瓣——2粒
蔥花——20g
清水——500ml

醬汁

韓式味噌——1大匙
薄鹽醬油——1大匙

作法

1　番茄切丁、豆腐切塊、蒜瓣切細末、醬汁拌勻。

2　起油鍋，放入肉片炒乾，下蒜末和一半醬汁炒入味，隨即取出。

3　放入袖珍菇稍微炒乾，倒入番茄，補些油，耐心炒軟。

4　放入豆腐、清水和剩餘醬汁，蓋鍋煮滾。

5　放入奶油白菜煮軟，把炒肉夾回鍋裡，撒入蔥花就完成。

美味小撇步

◆　韓式味噌耐煮，日式味噌則相反，若改用日式味噌，則要在關火前再下鍋。

亂亂煮

41

番茄蛋花
蟹腿羹

冬天澎湖野生蟹腿肉無敵鮮甜、肉質飽滿,簡單燒碗湯解
饞,半夜喝也不擔心發胖。

鍋具:琺瑯鑄鐵鍋
容量:16cm/1.3L

材料 [2人]
蟹腿肉——150g
牛番茄——250g
雞蛋——2顆
蔥花——10g
薑絲——10g

昆布高湯——500ml

調味料
鹽——少許
糖——少許
芝麻油——少許

芡汁
玉米粉——1大匙
水——2大匙

作法

1　番茄切丁、雞蛋攪打均勻、蟹腿解凍。

2　先起鍋滾水將解凍蟹腿肉汆燙30秒，撈出來瀝乾。

3　原鍋水倒掉，起油鍋炒番茄丁，耐心將番茄炒軟後倒入高湯煮滾，加鹽和糖調味。

4　湯滾煨煮一會兒，放入薑絲，勾芡勾到喜歡的濃度。

5　倒入蛋汁不翻動，待蛋花煮熟，將汆燙蟹腿倒進鍋裡。

6　淋少許芝麻油，撒入蔥花即完成。

美味小撇步

◆　番茄一定要耐心炒出番茄紅素，湯頭才會夠酸甜。

◆　湯滾才倒入蛋汁，不要急著攪拌，蛋花才會煮成較大片，口感較好。

◆　鹽糖用量請依選擇的高湯鹹淡調整。

辣味透抽拌麵

速速可上桌一鍋拌麵，口口辣得過癮的麵條裡，咀嚼著鮮甜爽脆的透抽，滿足餓慘的家人。

鍋具：琺瑯鑄鐵鍋
尺寸：26cm/2.2L

材料 [2人]

白麵條——2把
透抽——1尾 (350g)
青江菜——100g
香菇——60g
蒜瓣——15g

蔥花——10g
辣椒醬——隨喜好
清水——3大匙

醬汁

清酒——2大匙
冰糖——2小匙
薄鹽醬油——2大匙
胡麻油——1大匙

作法

1 透抽去除內臟切圈、青江菜切段、香菇切塊、蒜瓣切細末。

2 燒一鍋水先把麵條煮熟鬆開瀝乾。

3 原鍋將水倒除擦乾，開中小火倒點油先煎熟透抽，取出來。

4 接著下香菇、青江菜和蒜瓣，若太乾可補點油翻炒，倒入清水再翻拌一下隨即轉小火。

5 把煮熟麵條、透抽倒回鍋裡，倒入醬汁、辣椒醬後翻拌均勻，關火。

6 最後撒入蔥花即可享用。

美味小撇步

◆ 透抽下鍋前一定要擦乾，才能煎出鮮甜香氣。

菇菇蝦貝絲瓜麵

加了蝦貝的絲瓜湯頭真的甜，簡單調味清爽吃，而絲瓜切成
細長形偽裝成麵條，是很棒的減醣創意料理。

鍋具：不沾鍋
尺寸：28cm

材料 [2人]
絲瓜——1條
大干貝——3粒
大白蝦——4尾
蒜瓣——2瓣

香菇——75g
雞蛋——2顆
清水——500ml

調味料
鹽——1小匙
白胡椒粉——少許

作法
1 絲瓜去皮沿著直紋路剖成四份，將籽囊切除，再沿著絲瓜直紋切細長條，香菇切片、
  蒜瓣切細末，雞蛋攪打均勻。
2 白蝦去殼洗淨、干貝解凍，都先擦乾。
3 起油鍋中小火，下蛋汁隨意炒先取出。
4 原鍋煎干貝和白蝦，一面煎焦焦翻面煎好也先拿出來。
5 原鍋不加油，倒入香菇翻炒，炒至菇菇微焦飄出香氣，放入蒜末繼續炒出蒜香。
6 接著放入絲瓜，加水，蓋鍋將絲瓜煮軟。
7 絲瓜煮軟後，用少許鹽和白胡椒調味，最後將蝦貝和炒蛋回鍋，再煮1分鐘可開動。

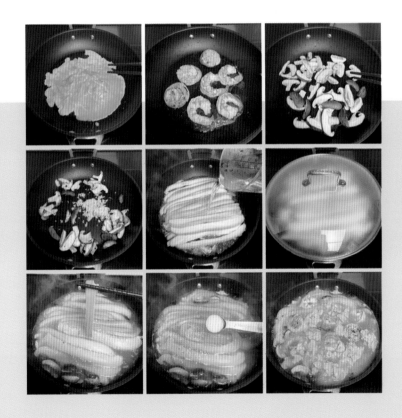

美味小撇步
◆ 絲瓜不切去籽囊也可以，湯頭反而更甜。

麻辣海鮮粉絲鍋

亂亂煮
44

喜歡重口味的朋友一定要試試這道料理，海鮮食材可依喜好
替換，選好自己喜歡的麻辣醬就開煮嘍！

鍋具：不鏽鋼湯鍋
容量：24cm/3.1L

材料 [2人]

熟帆立貝——8顆
澎湖熟冰卷——250g (生小管也可)
豆干——5個
炸豆皮捲——100g
粉絲——2把

胡蘿蔔——1小塊
辣椒——3根
蒜瓣——2粒
蔥段——20g
蔥花——15g
清水——400cc

調味料

麻辣醬——2大匙
醬油——3大匙
辣椒粉——1大匙

作法

1　粉絲以溫水泡軟瀝乾、炸豆皮捲以滾水汆燙洗去油瀝乾、胡蘿蔔切小片、豆干切片、辣椒斜切、蒜頭切小丁。

2　中小火起油鍋，下胡蘿蔔拌炒，接著放入豆干、豆皮、蒜末翻炒出蒜香。

3　再加入辣椒、蔥段、粉絲和清水，把食材煨煮一下。

4　加入麻辣醬、醬油翻拌，接著放入帆立貝、冰卷後蓋鍋燜2分鐘。

5　最後翻拌均勻，撒上蔥花和辣椒粉後即可開動。

美味小撇步

◆　麻辣醬以自家喜歡的口味為主，醬油則依麻辣醬鹹淡調整份量。

Chapter

5

45-56

亂亂煮
不沾鍋

絕對零失敗！
拿把不沾鍋亂亂煮一鍋。

咖哩起司漢堡排

用不沾鍋來拌料、整肉球,再先煎後煨,
絕對是百分百的一鍋到底,省洗很多廚房
道具啊!

鍋具:不沾鍋

尺寸:28cm

材料 [3人]

豬絞肉──300g
牛絞肉──200g
豆腐──150g
雞蛋──1顆

蔥花──20g
香菜──1株
起司──1片
清水──200ml
咖哩塊──23g

調味料

醬油──2大匙
香油──2小匙
糖──2小匙

作法

1　將起司分切6份備用，接著將絞肉、豆腐、雞蛋、蔥花和調味料，全部放入不沾鍋 (不要開火喔！還沒要煮喔！)。

2　將上述材料充分混合均勻，並以同方向攪拌至醃料及豆腐的水分完全被絞肉吸收，餡料呈現黏稠感。

3　餡料分成6等分，每等分中間塞入1/6片起司，再以雙手來回拋甩整成圓扁漢堡狀，平均放在鍋裡。

4　倒入少許油，開中小火，將漢堡移動一下慢慢煎，煎至底部呈現金黃且定型後翻面，繼續煎上色。

5　倒入清水蓋上鍋蓋，小火燜煮約2分鐘。

6　放入咖哩塊煮化後，煮至醬汁變濃稠 (可來回翻面幫助入味或以湯匙舀些醬汁淋在漢堡上)。

7　最後撒入香菜即完成。

美味小撇步

◆　豆腐水分無須擠出來。

◆　起司可隨自家口味選用。

櫛瓜豆腐雞肉球

減醣減脂的豆腐排中塞入櫛瓜，吃起來紮實飽足又不怕胖！

鍋具：不沾鍋
尺寸：28cm

材料 [3人]
雞胸肉——300g
板豆腐——200g
櫛瓜——200g
雞蛋——1顆
蒜瓣——2粒

調味料
白醬油——1大匙
白胡椒粉——少許

醬汁
味噌——1小匙
糖——1小匙
薄鹽醬油——1大匙
味醂——1大匙
清酒——1大匙
清水——100ml

作法
1　雞胸肉去筋膜後剁成泥，也可以用調理機攪碎，醬汁攪拌均勻。
2　板豆腐以重物壓出水分，豆腐含水量少比較容易塑形。
3　櫛瓜切小丁、豆腐捏碎，將所有材料放入不沾鍋中拌入調味料。
4　可用手同方向拌勻材料使其出筋，或將肉泥往鍋裡摔打出筋。
5　接著把肉泥分成16份並在手掌上滾成小球，平均放置在鍋中。
6　鍋裡倒入一點油並開中小火將肉球煎上色，可多翻幾個不同面來煎。
7　最後淋入醬汁，蓋鍋將肉球煨入味，醬汁大致收乾可起鍋。

美味小撇步
◆　板豆腐含水量越少，肉球越能呈現圓球狀，若含水量高做成餅狀也無妨。

亂亂煮

47

鹹魚雞粒炒飯

粒粒分明的鹹魚雞粒炒飯，得吃個2尖碗才過癮。

鍋具：不沾鍋
尺寸：28cm

材料 [3 ~ 4人]
鹽漬鯖魚——200g
雞里肌——250g
雞蛋——3顆
米飯——3碗
蔥花——30g

醃料
薄鹽醬油——1小匙
糖——1/4小匙
白胡椒——少許

調味料
鹽——2小匙
黑胡椒——少許

作法
1　雞蛋攪打均勻、雞肉切小丁用醃料醃10分鐘。
2　中小火起油鍋將鯖魚兩面煎焦焦後，用叉子剝碎。
3　利用鍋裡剩點油將雞肉下鍋快速炒熟先盛起備用。
4　鍋裡補點油，倒入蛋汁和白飯，立即翻炒使白飯都沾上蛋汁。
5　撒入鹽和黑胡椒繼續翻炒至米飯呈現粒粒分明。
6　最後將碎鯖魚和雞丁倒回炒飯中，撒入蔥花翻炒均勻即可出鍋。

美味小撇步
◆　使米飯沾上蛋汁，可避免米飯黏在一起。
◆　先將鹽和黑胡椒下鍋也可使米飯容易鬆開。
◆　使用鹽漬鯖魚來取代鹹魚片或一夜干，是因為鹽漬鯖魚較容易取得。

蛋皮飯卷簡單吃

冰箱沒有菜又不想出門，花一點巧思還是能
變出一份有儀式感的餐食，就是這個啦！

鍋具：不沾玉子燒鍋
尺寸：18cm

材料 [1人]
雞蛋──1顆
米飯──80g
起司──1片

接近蛋皮大小的海苔──1片
罐頭筍絲──40g

作法

1　雞蛋攪打均勻。

2　以中小火起一玉子燒鍋，倒入少許油。

3　油稍熱即倒入蛋汁，趁蛋汁八分熟鋪上海苔片後關火。

4　海苔片上鋪上薄薄一層熟米飯，放上起司片和玉筍。

5　最後以小鍋鏟輕輕將蛋皮飯卷捲緊即完成。

美味小撇步

◆　蛋汁鋪上海苔片後記得關火，避免蛋皮太老沒有彈性不好捲。

◆　也可以直接對折，比捲飯卷更容易操作。

◆　筍絲可用泡菜、肉鬆或其他即食食材代替。

懶人蔥肉小煎包

亂亂煮

49

不用擀餅皮，用現成蔥抓餅來做小煎包，省時省力，再蘸上喜歡的醬汁，簡直上天堂。

鍋具：不沾鍋
尺寸：28cm

材料[2人]

冷凍蔥抓餅——2張
豬絞肉——100g
雞蛋——1顆
蔥花——30g
清水——100ml

調味料

鹽——1.5g
糖——少許
白胡椒——少許

作法

1　豬絞肉、雞蛋一起拌入調味料後，用筷子同一方向攪拌蔥肉餡至出筋後，分成12份。

2　餅皮稍微解凍，一張分切成6份，共12張小餅皮。

3　用每一小份餅皮將蔥肉餡包起來，只須將餅皮往中心處摺起來，餡料不要露出來就好。

4　原鍋無須放油，小包子封口朝下，小包子間留點空隙不要黏在一起，中小火耐心煎。

5　底部那面煎焦焦上色後可翻面，並倒入100ml清水，蓋上鍋蓋。

6　直到鍋裡水量變少，打開鍋蓋繼續煎到底部那面焦焦上色，可再翻面一次。

7　鍋裡的水氣變少，滋滋聲也會越來越小聲，小煎包可以出鍋了。

美味小撇步

◆ 包餡的時候，若麵皮有小破洞也不要緊，通常這類餅皮彈性十足，煎熟之後也能緊緊包住餡料。

◆ 餡料可隨自己喜好調整，包入蝦仁也非常好吃喔。

◆ 用刮片切開蔥抓餅時可上下左右移動，將餅皮隔開隙縫比較好操作。

蝦仁肉絲炒麵

亂煮
50

今天炒的是日式拉麵，先煎蝦仁再炒肉絲，鍋裡留下來的蛋
白質剛好讓炒麵更香甜。

鍋具：不沾鍋
尺寸：28cm

材料 [2人]
日式拉麵——300g
豬肉絲——100g
蝦仁——7尾
球芽甘藍——10顆
玉米筍——2支

青蔥——25g
蒜瓣——2粒
辣椒——2根
清水——100ml

醬汁
薄鹽醬油——2大匙
味醂——1大匙
白醋——1大匙
清酒——2大匙
糖——2小匙

作法

1 蝦仁擦乾、球芽甘藍對切、玉米筍斜切、蒜瓣切細末、辣椒切小段、青蔥切蔥段。

2 起油鍋，鍋熱先煎蝦仁，煎8分熟取出。

3 接著炒肉絲，肉絲炒熟放入蒜末拌炒出蒜香。

4 再來放入球芽甘藍和玉米筍繼續翻炒至球芽甘藍變軟。

5 放入黃麵、醬汁和清水拌炒入味稍微收汁，最後將蝦仁倒回鍋裡，撒入蔥段和辣椒翻拌均勻即完成。

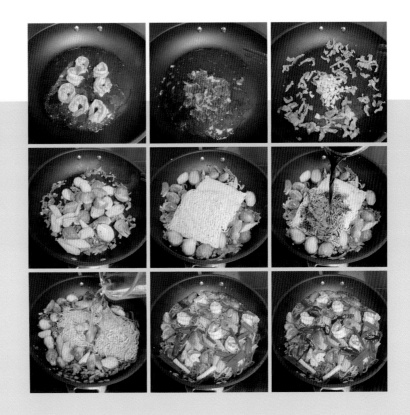

美味小撇步

◆ 這食譜使用的是溼麵，若要用乾麵條，必須先煮熟一樣在步驟5下鍋。

◆ 辣椒早點下鍋比較辣，晚點下鍋比較不辣。

雞蛋粉絲豆皮煎

用乾煎生豆包夾入粉絲口感的煎蛋，不但減醣，淋上大阪燒醬，口味不錯也很飽足。

鍋具：不沾鍋
尺寸：28cm

材料 [2人]
生豆包——2個
粉絲——1把
雞蛋——3顆
蟹味棒——3條
蔥花——20g

調味料
鹽——少許
糖——少許
白胡椒——少許

醬汁
大阪燒醬或辣椒醬油——隨
喜好

作法

1　粉絲用水泡軟瀝乾切1公分、蟹味棒剝絲也切1公分。

2　將粉絲、蟹味棒打入3顆雞蛋，加入調味料，攪打均勻。

3　起一不沾鍋放一點點油，拉開生豆包，把兩面煎焦焦先取出。

4　原鍋倒入粉絲蛋液，用鍋鏟將蛋液壓平並將拉開的煎豆包，壓在蛋液上。

5　蓋鍋小火慢慢待蛋液煎熟，翻面後，將豆包對折即完成。

美味小撇步

◆　生豆包油煎後，豆香十足。

◆　蛋液下鍋後就立刻壓上煎豆包，使蛋液可沾附豆包才會方便操作。

◆　可將豆皮煎蛋滑出來到一個大盤子上，扣上另一個大盤，雙手扣緊盤子翻面，再把豆皮
　　煎蛋滑回鍋裡，就不用擔心不好翻面了。

粉漿蛋餅夾油條

懶得排隊買燒餅油條,在家自己做個巨無霸粉漿蛋餅夾油條
也好飽足。

鍋具:不沾鍋
尺寸:28cm

材料 [2 人]
低筋麵粉——120g
玉米粉——60g
清水——360g
雞蛋——2顆

油條——1根
蔥花——20g
香菜——隨喜好

調味料
醬油膏或辣椒醬油——隨喜好

作法

1 將低筋麵粉、玉米粉和清水攪拌均勻，放入蔥花再拌勻，雞蛋攪打成蛋汁、油條可以烤箱攝氏170度預熱回烤7分鐘。

2 鍋裡倒油建議最少2大匙，此粉漿配方是外皮酥脆版本。

3 開中小火，油熱倒入一半粉漿，輕輕搖勻使粉漿在鍋內形成圓形。

4 接著耐心等3分鐘，可拿起鍋子搖晃一下餅皮讓餅皮在鍋子裡轉圈。

5 繼續耐心煎2分鐘以上可翻面，再煎5分鐘。

6 接著再翻面，抬起餅皮將一份蛋汁倒入鍋裡，壓上餅皮。

7 鍋鏟輕壓餅皮，待蛋汁煎熟可翻面，鋪上半根油條、香菜和醬汁，摺起來即完成。

美味小撇步

◆ 玉米粉版本的粉漿蛋餅，餅皮外酥內軟，粉漿倒入鍋裡一定要耐心等待至少5分鐘使餅皮煎焦酥才能翻面，否則太急著翻面很容易失敗。

亂亂煮

53

5分鐘火腿三明治

只需要5分鐘就能在鍋裡完成的完美三明治,一鍋到底省時省力,美味營養都不打折。

鍋具:不沾鍋

尺寸:28cm

材料 [1人]
吐司——2片
雞蛋——2顆
起司——1片
火腿——1片

牛番茄——1～2薄片
萵苣葉——3～4葉

調味料
鹽——少許

作法

1　我習慣把火腿用少許油兩面煎一下，先拿出來。

2　雞蛋加少許鹽攪打均勻，起油鍋倒入蛋汁，趁蛋汁6分熟放入2片吐司。

3　蛋汁煎熟，將煎蛋和吐司一起翻面並關火。

4　接著把吐司外的煎蛋往內摺。

5　在其中一片吐司上鋪上萵苣葉、牛番茄、火腿和起司片。

6　最後把另一片吐司摺過來並壓在所有材料上即完成。

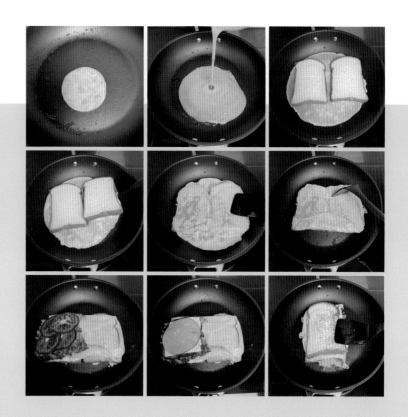

美味小撇步

◆　建議使用的不沾鍋，要能放下2片吐司，相同操作模式比較容易成功。

◆　三明治夾入的材料可隨喜好變化。

亂亂煮

54

沙茶豬肉炒餅

沙茶風味的炒餅,不必去餐廳在家也能大口大口享用。

鍋具:不沾鍋

尺寸:28cm

材料 [2人]

豬里肌炒肉片——250g
蔥油餅或蛋餅皮——200g
雞蛋——2顆
鴻喜菇——120g

胡蘿蔔——80g
蔥花——20g

醬汁

糖——2小匙
薄鹽醬油——2大匙
沙茶醬——1大匙
白胡椒——少許

作法

1　里肌肉片切小片、雞蛋攪打均勻，鴻喜菇去根部剝小株、胡蘿蔔切薄片。
2　起油鍋倒入蛋汁，隨意炒熟先取出。
3　接著補點油把餅皮煎熟，取出切小塊。
4　原鍋放入鴻喜菇、胡蘿蔔，接著補點油。
5　耐心將胡蘿蔔炒軟、菇菇炒出香氣後，放入里肌肉片翻炒。
6　豬肉炒熟，倒入煎熟的蔥油餅和醬汁拌炒入味。
7　最後倒回炒蛋，撒入蔥花翻拌均勻即完成。

美味小撇步

◆ 煎熟的餅皮下鍋，倒入醬汁要快速拌炒，使餅皮均勻吸入醬汁。
◆ 無須加水，餅皮才不會太軟爛。

韓式糖餅

55

去釜山時有吃過糖餅嗎？糖餅的製作方法非常簡單，在家輕鬆就能複製哦！

鍋具：不沾鍋
尺寸：28cm

材料 [8個餅]

中筋麵粉——150g
糯米粉——50g
橄欖油——10g
酵母粉——3g

清水——150ml
細砂糖——15g
鹽——1/8小匙

內餡

黑糖——60g
綜合堅果——40g

作法

1　將材料全部混合在一個調理盆中，揉成團，蓋上保鮮膜發酵1小時。

2　將綜合堅果壓碎與黑糖混合成餡料備用。

3　麵團變成2倍大，分成8份，每份滾小圓團，蓋上保鮮膜鬆弛10分鐘。

4　小麵團壓扁成圓餅，將餡料包起來，再壓成圓形餅狀即成糖餅。

5　起一不沾鍋，倒少許油，耐心將糖餅兩面煎上金黃色即完成。

美味小撇步

◆ 把內餡包起來再煎熟是比較簡單的作法，另一種方法是將餅皮先煎熟，撕成一個口袋再
　將內餡包入再享用。

◆ 剛煎好的糖餅內餡會變成非常燙的黑糖漿，建議稍微放涼再吃避免燙傷。

亂亂煮

56 日式蕨餅

5分鐘在家動手做，軟軟Q彈沾滿黃豆粉的日式蕨餅當下午茶點心，不甜不膩配茶好清爽。

鍋具：不沾玉子燒鍋

尺寸：18cm

材料 [2 ～ 3 人]

蕨餅粉——80g

清水——350ml

砂糖——30g (或隨喜好)

黃豆粉——30g

作法

1　鍋裡倒入水、蕨餅粉和糖，先不開火攪拌均勻。

2　接著開中大火，持續攪拌大約2～3分鐘，慢慢從濃稠變成固態，
　　立刻轉小火繼續攪拌1分鐘，關火。

3　接著稍微塑形使蕨餅團呈現正方形。

4　可將鍋子直接泡冰水冰鎮放涼。

5　分切成小方塊，六面都沾上黃豆粉即完成。

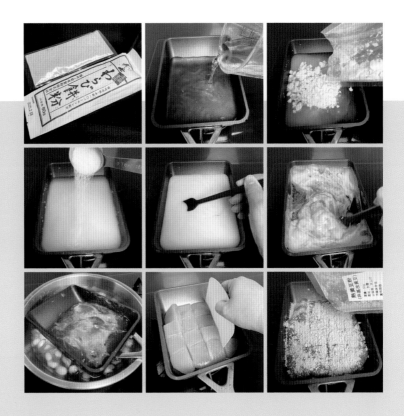

美味小撇步

◆　日式蕨餅粉可以在日式超市買到。

◆　沒有蕨餅粉也可以用蓮藕粉來取代，基本上水量大約是4～4.5倍。

◆　淋上黑糖糖漿或楓糖漿來享用更美味。

Chapter

6

57-68

亂亂煮
鑄鐵鍋

別嫌它重，可好用了！
鑄鐵鍋就是亂亂煮的好朋友。

皇帝豆臘味飯

亂亂煮
57

用鑄鐵鍋文火慢慢燒出來的臘味飯，米粒吸飽臘味精華、口感Q彈，好吃到連吃三碗都不誇張。

鍋具：琺瑯鑄鐵鍋
容量：24cm/3.1L

材料 [3 ～ 4 人]
白米——3杯
皇帝豆——120g
港式肝腸——2支
港式臘腸——2支

蔥花——隨喜好
清水——3杯 (與米相同容量)

醬汁
薄鹽醬油——2大匙
味醂——2大匙

作法

1　將白米徹底清洗乾淨，並浸泡30分鐘。

2　撕去肝腸與臘腸外層薄膜。

3　鍋裡倒入瀝乾的白米並加入清水和醬汁，攪拌均勻。

4　開中火將水煮滾，再均勻攪拌一次，轉小火。

5　放入皇帝豆和肝腸、臘腸，蓋鍋煮15分鐘。

6　關火不開蓋繼續燜15分鐘。

7　最後將肝腸、臘腸分切倒回鍋中，撒入蔥花與米飯翻拌均勻即完成。

美味小撇步

◆　可加入菇類和雞蛋，但要記得先炒出香氣後再與臘腸一起下鍋。

◆　由於臘腸、肝腸外層薄膜去除後，油脂與風味完全釋出，加上醬汁，米飯更入味，鍋底
　　也自然形成薄薄一層香香的鍋巴。

亂亂煮

58

無水番茄咖哩雞

鑄鐵鍋是無水料理最靠譜的使用鍋具，只要
將食材該有的風味丟進鍋裡，就能慢火燒出
一鍋受歡迎的美味料理。

鍋具：琺瑯鑄鐵鍋

容量：20cm/2.4L

材料 [5 ~ 6人]
雞胸肉——500g
牛番茄——200g
洋蔥——1.5顆
胡蘿蔔——150g

西洋芹——1支 (或台灣芹菜
180g)
罐頭番茄——1罐
月桂葉——1片

調味料
咖哩塊—— 90g

作法

1 將雞胸肉切一口大小，其餘食材切丁寬度1 ~ 2公分隨喜好。

2 起一鑄鐵鍋，倒點油，放入牛番茄炒成糊。

3 接著依序放入洋蔥、胡蘿蔔、芹菜和雞胸肉。

4 倒入罐頭番茄，並放入一片月桂葉，蓋鍋轉小火煮1小時。

5 最後開蓋放入咖哩塊，慢慢攪拌至溶解，並與食材翻拌均勻即完成。

美味小撇步

◆ 新鮮牛番茄一定要用油炒出茄紅素，甜味才能釋放出來。

◆ 先放入大量蔬菜再放入雞肉，能避免鍋底燒焦。

◆ 番茄和咖哩超搭，冷藏一天再吃，雞肉更入味，一定要試試哦！

鮮蝦豆腐煲

最簡單的鮮蝦豆腐煲版本，以鑄鐵鍋一鍋到底來料理，
好吃不費力。

鍋具：琺瑯鑄鐵鍋
容量：26cm/2.2L

材料 [2人]
板豆腐——400g
新鮮草蝦——10尾
蔥花——20g
清水——100ml

醬汁
薄鹽醬油——2大匙
味醂——2大匙
清酒——2大匙
白醋——2大匙
糖——2小匙
白胡椒——適量

芡汁
玉米粉——2大匙
清水——2大匙

抓洗料
米酒——1大匙
太白粉——1小匙

作法

1　豆腐切塊，草蝦蝦頭留下、草蝦剝殼開背去腸泥，以抓洗料抓洗後，
　　清水洗淨擦乾。

2　起油鍋，鍋熱油熱放入豆腐和蝦頭，豆腐黏鍋也沒關係，就不翻動。

3　蝦頭煎出鮮甜氣味，以小鍋鏟壓一壓。

4　接著放入草蝦仁，兩面煎8分熟，隨即將蝦頭夾出來。

5　倒入清水煮1分鐘，此時豆腐已可以移動，再倒入醬汁和芡汁拌勻。

6　最後撒入蔥花即完成。

美味小撇步

◆　這道料理也可使用不沾鍋先將豆腐兩面煎焦焦，再按相同步驟來完成。

◆　以鑄鐵鍋熰煮這道料理，煮好可直接端上桌享用，無須盛盤。

蔥香蘑菇奶油雞

這道濃郁醬汁的蘑菇奶油雞，可以做蓋飯也可以煮義大利麵，老少咸宜。

鍋具：琺瑯鑄鐵鍋
容量：26cm/2.2L

材料 [2人]
去骨雞腿肉——400g
蘑菇——200g
甜蔥——85g
動物性鮮奶油——200ml
麵粉——少許

醬汁
白味噌——1大匙
鰹魚露——1大匙
清水——100ml

作法

1 將雞腿肉切一口大小並沾上少許麵粉，甜蔥斜切薄片，蔥白蔥綠分開，蘑菇對切。

2 起一琺瑯鑄鐵鍋，中小火倒油燒熱，將雞腿肉放入鍋中，雞皮朝下煎焦脆再翻面煎上色，取出備用。

3 接著放入甜蔥白拌炒出蔥香，再下蘑菇拌炒飄出菇菇香氣。

4 倒入醬汁和鮮奶油，攪拌均勻轉小火煮約5分鐘。

5 最後放入煎好的雞肉煮至喜歡的口感，撒入蔥綠即完成。

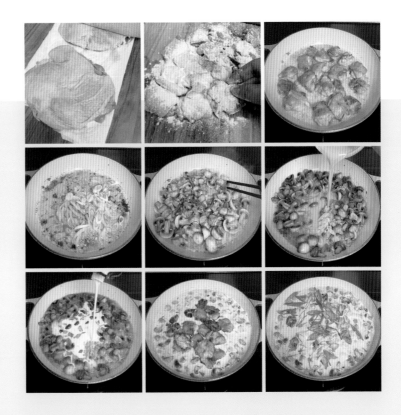

美味小撇步

◆ 鮮奶油在冷卻過程中會更濃郁黏稠，小火慢煮無須太久避免醬汁太乾。

◆ 雞肉兩面煎焦焦保有酥脆口感，回鍋之後建議不要煨煮超過3分鐘。

紅酒燉牛肉

這道料理只須簡單操作就能成就一鍋美味，不要煮太小鍋，
會不夠吃哦！

鍋具：琺瑯鑄鐵鍋
容量：26cm/4.1L

材料 [4 ～ 6 人]
牛肋條——1500g
蘑菇——200g
洋蔥——1.5顆
胡蘿蔔——1根

牛番茄——250g
罐頭番茄粒——240g
紅葡萄酒——720ml
麵粉——少許
月桂葉——1片

調味料
義式香料——適量
鹽——1.5 ～ 2大匙
黑胡椒——少許

作法

1　將牛肋條切5公分段、蘑菇切片、洋蔥切塊、胡蘿蔔切滾刀大塊、牛番茄切小丁。

2　牛肋條表面撒上少許麵粉。

3　起一琺瑯鑄鐵鍋，中小火倒少許油燒熱，將牛肋條分2批放入鍋中煎上色後取出。

4　原鍋放入蘑菇和洋蔥，耐心將洋蔥炒半透明，蘑菇飄出菇菇香氣。

5　接著倒入牛番茄丁和胡蘿蔔塊，繼續拌炒至牛番茄變軟。

6　將牛肉倒回鍋裡，並倒入罐頭番茄粒和紅酒、放入月桂葉和少許義式香料，待湯汁燒滾。

7　將浮沫撈除，隨即轉小火繼續煮1小時後，用鹽和黑胡椒調味，冷卻後冷藏隔天再加熱享用。

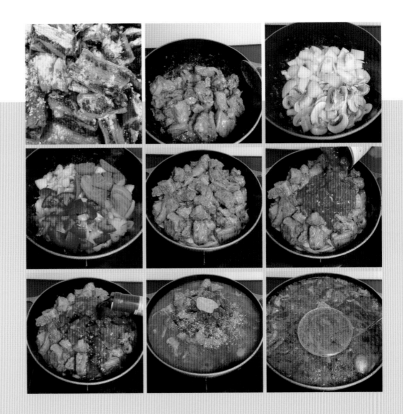

美味小撇步

◆　此食譜份量偏多，用這容量鍋具煮起來滿滿一鍋，請自行斟酌份量按比例調整。

◆　烹煮過程中盡量將浮沫撈除，燉好的牛肉風味更佳。

◆　鹽最後再加，牛肉煨煮起來更軟爛。

牛肉壽喜燒

亂亂煮

62

在家享用牛肉壽喜燒，如果有和牛，那就上天堂了。

鍋具：琺瑯鑄鐵鍋
容量：26cm/2.2L

材料［2人］
梅花牛火鍋肉片——250g
高麗菜——200g
蒟蒻麵——200g
青菜——120g
洋蔥——半顆

玉米筍——6根
牛番茄——半顆
甜蔥——75g
香菇——5朵
豆腐——150g
雞蛋——1顆

醬汁
薄鹽醬油——100ml
味醂——100ml
清酒——100ml
清水——200ml
糖——1大匙

作法

1　豆腐切塊、甜蔥切段、牛番茄切大塊、高麗菜切大塊、洋蔥切厚圈、蒟蒻麵汆燙備用、雞蛋打在乾淨小碟裡攪散。

2　起油鍋，先放入洋蔥和甜蔥煎出香氣，接著放入部分蔬菜、豆腐。

3　倒入醬汁，轉小火煮滾，接著放入牛肉片、蒟蒻麵。

4　牛肉片燙熟可蘸著蛋汁來享用。

5　可將壽喜鍋放上卡式瓦斯爐，一邊小火煮一邊加入其餘蔬菜。

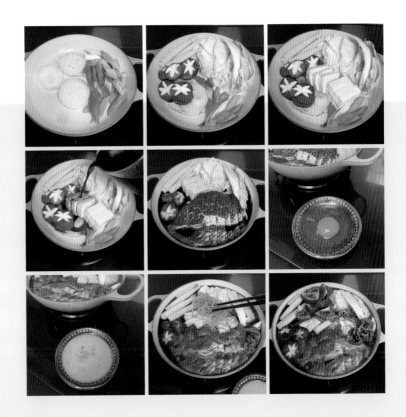

美味小撇步

◆ 壽喜燒鍋醬汁口味較重單純煮食材用，不要當湯來喝。

◆ 蔬菜以自己喜歡的來組合即可。

無水菇菇野菜鍋

琺瑯鑄鐵鍋最大優點就是本體厚實，水分能聚集在鍋內不易
流失，有琺瑯鑄鐵鍋一定要試試無水料理。

鍋具：琺瑯鑄鐵鍋
容量：20cm/2.4L

材料 [2人]

胡蘿蔔——1根
馬鈴薯——180g
玉米——1根

新鮮香菇——60g
蘑菇——110g
球芽甘藍——180g
蓮藕——150g

醬汁

白醬油——1大匙
清酒——1大匙

作法

1　胡蘿蔔切滾刀塊、玉米切段再對切、馬鈴薯切塊、蓮藕切薄片、球芽甘藍切去蒂頭對切，香菇和蘑菇都對切。

2　起一琺瑯鑄鐵鍋，倒少許油先下胡蘿蔔稍微翻炒。

3　接著先將菇菇放入鍋中拌炒出香氣，接著放入馬鈴薯、玉米、球芽甘藍和蓮藕。

4　最後放入白醬油和清酒稍微翻拌，轉小火蓋鍋燜煮10 ～ 15分鐘即關火，開動前再翻拌一下即可。

美味小撇步

◆ 也可以用少許鹽取代白醬油。

◆ 這樣烹煮的無水野菜會飄出菇菇香氣和蔬菜的甜味，非常健康好食。

韭菜五花肉鍋

大家吃過博多的牛腸鍋嗎？韭菜的口感爽脆，加上韭菜和牛腸吸入濃郁湯汁好味道一直難以忘懷，這鍋以五花肉代替牛腸，快速料理就能回味那番滋味喔！

鍋具：琺瑯鑄鐵鍋
容量：24cm/3.1L

材料［2人］
五花肉——450g
韭菜——600g
酸白菜——60g
蒜瓣——2粒

鴻喜菇——150g
高湯——1000ml

調味料
鰹魚露——50g
味醂——50g
韓式味噌——50g
清酒——100g

作法

1 韭菜切段大約4公分、鴻喜菇切去根部、蒜瓣切細末、酸白菜沖水瀝乾。

2 起油鍋放入鴻喜菇炒出菇菇香，放入五花肉片翻炒至8分熟。

3 接著再放入蒜末和酸白菜拌炒出蒜香和酸菜香，加入調味料和高湯。

4 放入所有的韭菜，待湯煮滾，韭菜稍微燙熟即完成。

美味小撇步

◆ 加入酸白菜使湯頭帶點酸勁兒，嚐起來就好似濃郁味噌風味裡頭蹦出清爽滋味。

◆ 亦可加入高麗菜和嫩豆腐。

◆ 搭配喜歡的蘸醬來吃更棒。

153

滷肉末豆腐

在滷肉汁裡一起滷的豆腐,用想像的就很下飯,在築地吃過牛肉豆腐後就一直深信自己滷的肉末豆腐一定不會遜色。

鍋具:琺瑯鑄鐵鍋

容量:16cm/1.3L

材料 [2～4 人]

豬絞肉——300g
鹽滷豆腐或板豆腐——600g
蒜瓣——10g
清水——250ml

調味料

薄鹽醬油——4 大匙
冰糖——2 小匙
清酒——2 大匙
五香粉——1/4 小匙

作法

1　起一小湯鍋不放油，放入絞肉炒熟。
2　放入拍扁的蒜瓣炒出蒜香。
3　放入調味料拌炒出香氣。
4　將豆腐切大塊放入鍋裡，加水燒滾轉小火。
5　繼續滷 30 分鐘即完成。

美味小撇步

◆　建議泡隔夜加熱再享用更入味。
◆　將肉末鋪在豆腐上一起吃，每一口有滷豆腐也有滷肉末。
◆　調味料和水量請隨鍋具大小調整，以水量淹過豆腐為主。

亂亂煮

66

醬煮鳥蛋

在我們家滷鳥蛋比滷雞蛋受歡迎，小小顆的鳥蛋比雞蛋更容
易入味，一顆一口吃起來更過癮。

鍋具：琺瑯鑄鐵鍋
容量：18cm/1.8L

材料 [2～4人]
鳥蛋──600g
清水──400ml
八角──1個
花椒──5粒

調味料
薄鹽醬油──4大匙
味醂──2大匙
冰糖──2小匙
白胡椒粉──少許
胡麻油──少許

作法

1　起一小湯鍋放少許油，開中小火，鍋裡放入八角和花椒煸出香氣。

2　放入鳥蛋、水和調味料拌勻。

3　醬汁煮滾轉小火煮15分鐘即完成。

美味小撇步

◆ 鳥蛋在醬汁裡泡隔夜再加熱吃更入味。

◆ 也可以隨喜好加入五香粉或辣椒粉增加風味。

翡翠海鮮羹

亂亂煮
67

道地的翡翠是要用菠菜汁攪入蛋白，油炸浮起一顆一顆翠綠
色的圓珠，我偷懶教大家把切細的九層塔混合蛋白液直接入
滾湯，懶人最高，味道好比較重要。

鍋具：琺瑯鑄鐵鍋
容量：22cm/2.6L

材料 [2 ～ 4人]
帆立貝——6顆
蝦仁——7尾
蛤蜊——600g
豆腐——150g
蛋白——2顆
熟竹筍——60g
香菇——3朵

九層塔——20g
高湯——800ml
清水——200ml

醬汁
鹽——1小匙
鰹魚露——3大匙
冰糖——2小匙

白胡椒——少許
烏醋——2大匙
香油——少許

芡汁
地瓜粉——1.5大匙
清水——2.5大匙

作法

1 蝦仁剖開分切2半、熟帆立貝解凍、豆腐、竹筍和香菇切小丁。

2 九層塔切碎加入蛋白液攪拌均勻。

3 起一湯鍋放入蛤蜊和200ml清水，中小火蓋鍋，蛤蜊開殼立刻取出挖出蛤蜊肉，蛤蜊湯
倒出來留著備用不要倒掉。

4 原鍋擦乾倒點油先炒香菇和竹筍，炒出菇菇香氣，倒入蛤蜊湯和高湯煮滾。

5 湯滾倒入醬汁拌勻，再倒入芡汁勾芡。

6 放入蝦仁和帆立貝，湯再滾緩緩倒入九層塔蛋白液，先不攪動，待湯再煮滾將蛤蜊肉倒
回鍋裡即完成。

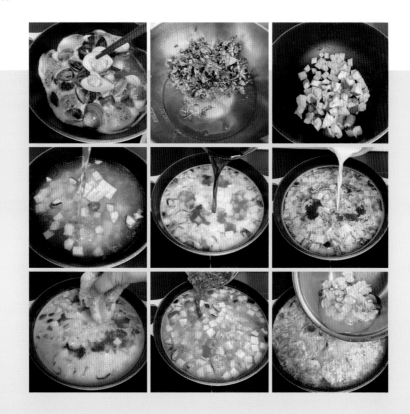

美味小撇步

◆ 不喜歡九層塔，可將菠菜榨汁與蛋白混合。

◆ 蛤蜊肉最後再回鍋避免蛤蜊肉煮太老。

亂亂煮
68

鍋烤奶油餐包

用高筋麵粉做出口感溼潤的奶油餐包,只要用鑄鐵鍋鎖住水分,就能辦得到喔!

鍋具:琺瑯鑄鐵鍋
容量:24cm/3.1L

材料 [8小顆]

高筋麵粉——275g	酵母粉——4g	雞蛋——1顆
細砂糖——26g	牛奶——150g	蛋黃——1顆
鹽——3g	無糖優格——50g	海鹽——適量
	無鹽奶油——65g	

作法

1　取一個3公升琺瑯鑄鐵鍋，倒入麵粉、糖、鹽、酵母粉攪拌均勻。

2　加入牛奶、全蛋和優格攪拌均勻後，繼續用攪拌棒攪拌8～10分鐘。

3　接著放入25g的無鹽奶油，攪拌均勻後再計時攪拌8～10分鐘。

4　成團後，在鍋子上方蓋上溼布發酵60分鐘，使麵團變成2倍大。

5　倒出麵團，雙手輕壓排氣，分切成8份，邊壓排氣揉成小團，蓋上溼布靜置15分鐘。

6　接著將鑄鐵鍋沖洗擦乾，鋪上烘焙紙。

7　把每個小麵團壓扁排氣包入5g奶油滾圓，收口朝下放入鍋中，再蓋上溼布發酵45分鐘。

8　表面塗上蛋黃再撒上少許海鹽，烤箱上下火以攝氏180度預熱，烤30分鐘即完成。

9　餐包烤好隨即將麵包連同烘焙紙取出放網架上散熱。

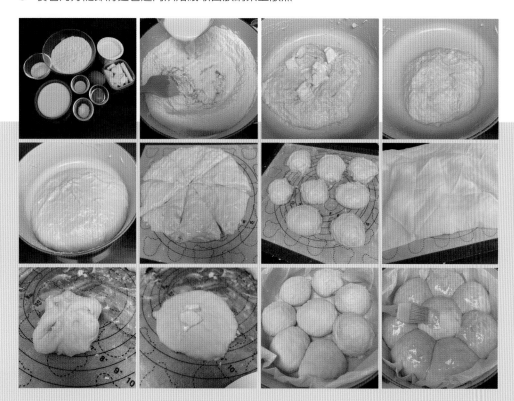

美味小撇步

◆　此麵團溼度高，建議拿取麵團前手蘸點水，動作快速。

◆　包入奶油前可蘸少許手粉，快手滾圓整形，較不易黏手。

◆　烤箱必須提前15分鐘預熱。

◆　以上發酵時間以夏天為基礎，若冬天發酵要多加15分鐘。

◆　冷凍保存，可以電鍋蒸熱或烤箱復熱，烤箱復熱前將餐包噴水，烤箱以攝氏170度預熱
　　完成後，烤7～8分鐘。

Chapter

7

69-78

亂亂煮
電鍋 & 電子鍋

厲害了，亂亂煮還沒油煙！
電鍋ＶＳ電子鍋出餐嘍！

香菇培根炒飯

亂亂煮

69

不用先炒料就可以做出香氣迷人的炊飯，一起來試試看吧！

鍋具：電子鍋

材料 [2～3人]
新鮮香菇──75g
乾香菇──15g
培根──50g
白米──2杯
蔥花──15g

清水──2杯
無鹽奶油──10g

調味料
薄鹽醬油──2大匙
味醂──1大匙
糖──1小匙

作法

1　將白米洗淨瀝乾，培根切小片、新鮮香菇切片，乾香菇沖洗乾淨即可。

2　將上述食材都倒入電子鍋內鍋裡。

3　調味料加入清水，攪拌均勻倒入電子鍋裡，再與鍋內食材攪拌均勻。

4　依據自家電子鍋品牌按下炊飯開關，待電子鍋烹煮時間完成後，繼續燜10分鐘。

5　將鍋中煮熟的乾香菇用剪刀剪成絲，放入奶油、撒入蔥花，翻拌均勻即完成。

美味小撇步

◆　白米盡量洗到洗米水呈現清澈狀態，這樣煮起來的白米不會黏在一起。

◆　新鮮香菇是所有菇類中最沒有生味的，若不先炒料，香菇是比較適合拿來直接炊飯的種類。

◆　乾香菇無須泡水，直接下鍋煮熟後再分切，這樣的炊飯香氣迷人。

鹽昆布拌牛蒡炊飯

簡單到不行的一道炊飯，富含礦物質、高纖
甘甜又有昆布恬淡風味，連小學生也會煮。

鍋具：電子鍋

材料[2～3人]　　　**調味料**

牛蒡——250g　　　　無
鹽昆布——30g
白米——2杯
清水——2杯

作法

1　將白米洗淨瀝乾，牛蒡去皮切絲或刨絲再泡水避免變黑。

2　將白米和清水倒入電子鍋內鍋裡，牛蒡絲平均放在米粒上。

3　依據自家電子鍋品牌按下炊飯開關，待電子鍋烹煮時間完成後，繼續
　　燜10分鐘。

4　將鹽昆布撒在飯上，翻拌均勻即完成。

美味小撇步

◆　牛蒡有股淡淡的人參風味，有排毒抗發炎功效，是很養生的食材。

◆　鹽昆布已經有鹹味，烹煮炊飯時就不加調味料了。

◆　牛蒡本身含水量很高，除了煮飯需要搭配的標準水量外，無須另外增加水量。

地瓜玉米飯

討好小朋友的米飯配方，有香甜的玉米和地瓜，大人也喜歡！

鍋具：電子鍋

材料［4人］
白米——2杯
熟玉米粒——150g
栗子地瓜——170g
57號地瓜——120g
清水——2杯

作法
1　將白米洗淨瀝乾、地瓜去皮切滾刀塊、玉米粒倒除水分。
2　將玉米粒與清水倒入電子鍋內鍋裡攪拌均勻。
3　接著將地瓜放在白米表面。
4　依據自家電子鍋品牌按下炊飯開關，待電子鍋烹煮時間完成再燜10
　　分鐘。
5　享用之前建議溫柔的翻拌一下。

美味小撇步
◆ 白米盡量洗到洗米水呈現清澈狀態，這樣煮起來的白米不會黏在一起。
◆ 使用玉米粒鍋底會有少許鍋巴，若不喜歡鍋巴，可使用新鮮玉米代替。

電子鍋紅豆湯

忘了泡紅豆也不要緊,用電子鍋來煮紅豆,再也不必擔心紅豆煮不爛。

鍋具:電子鍋

材料 [2～3人]
紅豆——1米杯
滾水——4.5米杯
糖——隨喜好

作法
1 先將紅豆洗淨瀝乾，倒入電子鍋內鍋裡。
2 接著倒入4.5米杯的滾水到內鍋裡，蓋上鍋蓋。
3 選取電子鍋糙米模式，按下開關。
4 電子鍋烹煮時間完成後，繼續燜30分鐘。
5 隨喜好加入適當份量的糖，攪拌均勻即完成。

美味小撇步
◆ 用滾燙熱水煮紅豆能節省煮軟紅豆時間。
◆ 煮熟之後不要馬上開蓋，繼續燜30分鐘可使紅豆鬆軟。
◆ 若煮紅豆時加糖，紅豆會煮不爛，務必煮熟再加糖喔。

亂亂煮

73 古早味蛋糕

不到15分鐘就能將麵糊準備好，剩下的就交給電子鍋。

鍋具：電子鍋

材料［3～4人］
低筋麵粉——80g
雞蛋——4顆
鮮奶——40g
蜂蜜——30g
橄欖油——15g
細砂糖——30g

作法

1　取2個調理盆，分別區分好蛋黃和蛋白。

2　蛋黃部分加入橄欖油、鮮奶和蜂蜜攪拌均勻，再放入過篩的麵粉繼續攪拌均勻。

3　蛋白則建議在蛋白攝氏22度左右，將細砂糖分3次放入蛋白中，以攪拌器由慢速攪拌至快速打發定型。

4　接著將蛋白分3次放入蛋黃粉漿中溫柔並快速拌勻。

5　將粉漿倒入電子鍋內鍋中，底下墊上厚抹布，將鍋子往墊抹布的桌上摔兩下使空氣排出。

6　放入電子鍋蒸煮60～80分鐘，再繼續燜15分鐘，最後內鍋拿出來放涼再倒扣即完成。

美味小撇步

◆　如果擔心電鍋不好脫模，再倒入麵糊前可先在鍋內刷層奶油。

◆　考量每家電子鍋品牌與功能的差異，可以用牙籤插入蒸好的蛋糕，如果牙籤拿出來還有麵糊表示還沒熟；牙籤拿出來如果很乾淨，表示蛋糕已熟透。

蒸瓜仔肉

三種在超市輕易可取得的食材，就能做出媽媽的古早味「蒸瓜仔肉」，白飯殺手來嘍！

鍋具：電鍋

材料 [2 ～ 3 人]
豬絞肉——320g
雞蛋——1顆
蔭瓜——80g
蔭瓜汁——30g

調味料
清酒——1大匙
洋香菜粉——隨喜好

作法

1　蔭瓜切細末，蛋黃蛋白分開。
2　取一料理盆倒入絞肉、碎蔭瓜、蔭瓜汁、蛋白和清酒。
3　把以上材料以同一方向攪拌均勻，攪拌出筋更佳。
4　攪拌好之後盛入蒸碗中，放上蛋黃，外鍋一杯水蒸熟。
5　最後隨喜好撒入洋香菜粉即可。

美味小撇步

◆　使用蔭瓜罐頭很方便，小瓶裝即可。
◆　蛋白可幫助絞肉滑嫩並黏結在一塊兒。
◆　也可以多打兩顆雞蛋在絞肉表面，和家人公平分食。

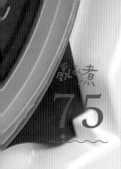

臘八粥

在我小時候，每年農曆12月初八，家裡會煮一碗甜甜蜜蜜的
臘八粥，用不同的穀物雜糧混在一起煮，煮得軟黏，在寒冷
早晨裡，喝一碗補充能量暖心暖胃。

鍋具：電子鍋

材料 [4人]

以下穀物雜糧——共2杯　　綠豆

綜合穀米　　　　　　　　蓮子

白米　　　　　　　　　　薏仁

紅豆　　　　　　　　　　滾水——1200ml ～ 1500ml

　　　　　　　　　　　　糖——隨喜好

作法

1　將穀物雜糧清洗乾淨。

2　全部材料加水倒入電子鍋內鍋。

3　選取電子鍋糙米模式，按下開關。

4　電子鍋烹煮時間完成後，繼續燜30分鐘。

5　隨喜好加入適當份量的糖，攪拌均勻即完成。

美味小撇步

◆　穀物雜糧可依喜好選用，超過8種都可以。

◆　因為有加紅豆、蓮子，用滾燙熱水煮紅豆能節省煮軟紅豆蓮子時間。

◆　煮熟之後不要馬上開蓋，繼續燜30分鐘可使紅豆鬆軟。

◆　務必煮熟再加糖，穀物雜糧才會軟爛。

松露薯泥

亂煮 76

法式高級佐餐薯泥，用電鍋就能輕鬆完成，一起試試吧！

鍋具：電鍋

材料 [3 ～ 4 人]　　　　鹽——少許
白皮馬鈴薯——400g
無鹽奶油——20g
動物性鮮奶油——200ml
松露醬——1大匙

作法

1　奶油放在室溫軟化，馬鈴薯帶皮洗淨，放進電鍋，外鍋倒入2杯至適
　量的水將馬鈴薯蒸熟。

2　蒸熟的馬鈴薯剝去皮，利用壓泥器或叉子壓碎，壓越細越好。

3　放入奶油、鮮奶油、松露醬和少許鹽，以同一方向攪拌直到薯泥呈現
　絲滑感即完成。

美味小撇步

◆　筷子可輕易穿透馬鈴薯表示有蒸熟。

◆　利用奶油和鮮奶油滑順感手工攪拌，若要完全沒有顆粒可以將馬鈴薯過篩，或保留一些
　小顆粒口感也不錯。

◆　可依個人口味調整鹽和松露醬比例。

蜜芋頭

身為芋頭協會會員，對好吃芋頭的愛永不停止，決定把自家
蜜芋頭撇步公開。

鍋具：電鍋

材料 [3 ～ 4 人]
鮮切芋頭——600g
紅冰糖——150g
清酒——3大匙
開水——100ml

作法

1 取一深盤放入芋頭塊，在芋頭表面灑入清酒，放進電鍋，外鍋倒入2
  杯至適量的水將芋頭蒸30分鐘。

2 時間到無須將深盤取出，把紅冰糖平均鋪在芋頭表面，外鍋再放入半
  杯至1杯水蒸15分鐘讓紅冰糖變小顆。

3 此時冰糖尚未全部溶解，在盤子裡加入少量開水，外鍋再加入半杯至
  1杯水再蒸15分鐘，筷子可穿透表示完成。

4 蜜芋頭料理好之後，放置冷卻冷藏一夜之後，蜜芋頭更可口。

美味小撇步

◆ 灑入米酒或清酒可增添芋頭酒香，清酒酒精濃度較低，蒸起來的風味比較輕盈。

◆ 使用紅冰糖代替一般冰糖和砂糖，蜜芋頭顏色更晶瑩剔透、口味更濃稠綿密，若購買的
  紅冰糖顆粒較小，可以省略步驟2。

◆ 使用超市販售的切塊芋頭，料理起來更方便。

草莓紅豆大福

亂亂煮

78

趁著草莓盛產的季節，在家用電鍋就能自己做草莓大福來享
用，雖然其貌不揚但酸酸甜甜、幸福滿滿。

鍋具：電鍋

材料［5～6顆］

含糖紅豆泥──130g
草莓──5～6顆
植物油──少許
玉米粉──少許

大福皮粉漿

糯米粉──100g
動物性鮮奶油──20g
清水──120g
砂糖──15g（可略）

作法

1 將大福皮粉漿材料全部攪拌均勻，紅豆泥若太溼可炒乾一些，將紅豆泥分成5～6份搓成圓球。

2 取一可蒸的容器，容器內刷上少許植物油，將粉漿倒入，並用耐熱保鮮膜包好。

3 電鍋外鍋加水，把粉漿放入電鍋蒸15分鐘。

4 將蒸熟的大福皮取出，倒在玉米粉上避免沾黏，分成5～6份，每一份壓平壓薄，也可用擀麵棍擀平，表皮會比較光滑。

5 用大福皮將紅豆泥包起來並黏住封口朝下。

6 最後以剪刀將紅豆大福剪出缺口，塞入草莓即完成。

美味小撇步

◆ 也可用紅豆泥先將草莓包好，外面再用大福皮包起來。

◆ 超市有賣日本製200g甜紅豆泥，建議用不沾鍋炒乾後變成130g，簡單好操作。

◆ 沒有鮮奶油，也可將120g清水調整成清水70g+牛奶70g。

Chapter

8

~~~~~~~

79-82

亂亂煮
速食華麗變身

沒看錯！
亂亂煮，剩菜也有出頭天。

亂亂煮

79

鹹酥雞親子丼

雖然說鹹酥雞可能很難吃不完，但我家有個小孩確實每次
心總是比肚子大，常常剩下鹹酥雞，拿來做親子丼實在很
剛好。

鍋具：碳鋼鍋
尺寸：20cm

材料 [1人]

鹹酥雞——100g
洋蔥——70g
白飯——隨喜好
雞蛋——2顆
香菜或蔥花——隨喜好

醬汁

薄鹽醬油——1大匙
味醂——1大匙
白醋——1大匙
糖——1小匙
清水——100ml

作法

1 洋蔥切丁、雞蛋攪打均勻、醬汁也攪拌均勻。

2 起一鍋倒點油先炒洋蔥,炒至透明放入鹹酥雞稍微拌炒。

3 倒入醬汁待湯汁燒滾,稍微煮至濃稠。

4 接著緩緩倒入蛋汁,用筷子將蛋汁撥動使其加熱均勻。

5 待蛋汁煮至8分熟可關火,將親子丼倒在米飯上,撒入香菜即完成。

美味小撇步

◆ 鹹酥雞除了可做成親子丼,也可炒成宮保雞丁、或做成韓式炸雞。

握壽司海味粥

亂亂煮
80

看到美式賣場的握壽司嘴巴很饞，但常常吃不完還剩幾顆，冰過之後飯變很硬一點也不好吃，不如華麗變身成完美海味粥。

鍋具：不鏽鋼湯鍋
容量：16cm/1.5L

材料［1人］
海鮮握壽司──8貫
鴻喜菇──120g
青蔥──1支
清水──500ml

醬汁
鰹魚露──2大匙

作法
1 鴻喜菇切去根部剝小株、青蔥切蔥花、握壽司將海鮮與小飯糰分開。
2 起一鍋開中小火倒點油先炒軟鴻喜菇，加入鰹魚露拌炒出香氣。
3 放入8個小飯糰，倒入清水拌勻，中小火耐心將米飯煮成喜歡的濃稠
　　狀。
4 將海鮮分切小塊投入粥中煮1分鐘，撒入白胡椒及蔥花即完成。

美味小撇步
◆ 握壽司原本就有調味，加鰹魚露2大匙搭配500ml清水份量剛好，不必再下鹽巴嘍！
◆ 握壽司口味隨機調整，若是軍艦壽司，外圈海苔跟著海鮮料一起下鍋即可。

薯條韓式煎餅

沒吃完的薯條再加熱也不好吃,不如拿來做煎餅,煎餅底部更酥脆,試試看嘍!

鍋具:琺瑯鑄鐵煎鍋
尺寸:26cm

材料 [2人]
薯條 (大薯剩餘)
中筋麵粉——80g
玉米粉——24g
雞蛋——2顆
清水——80g

高麗菜絲——70g
蔥段——30g
罐頭鮪魚片——180g

調味料
鹽——少許
白胡椒——少許
鰹魚露——適量

搭配小菜
泡菜——隨喜好

作法
1 除了薯條之外,將所有材料加少許鹽和白胡椒混合均勻。
2 起一鍋中火倒2大匙油,熱鍋熱油放入剩餘薯條,再倒入粉漿,以鍋鏟壓平,使粉漿平均分布在鍋中。
3 耐心煎5分鐘左右,以鍋鏟將整圈麵糊外圍往餅中心輕壓,確認煎餅可以移動則轉中小火。
4 待麵糊成形,以較大鍋鏟將煎餅翻面,繼續煎5分鐘。
5 用筷子戳煎餅,筷子沒有黏到任何粉漿,確認粉漿都已煎熟,再翻面即完成。

美味小撇步
◆ 吃剩的薯條,份量多少都可以做。
◆ 蔬菜、海鮮可隨喜好替代,比如蝦子、透抽或芝麻葉。
◆ 享用的時候建議可以搭配泡菜,蘸上鰹魚露風味更佳。

焗玉米濃湯燉飯

懶到變沙發馬鈴薯了嗎？沒關係！只要有一杯速食店的玉米濃湯，再來一點隔夜飯，最好配上一點起司就有義大利燉飯可以吃了！

鍋具：琺瑯鑄鐵鍋
容量：26cm/2.2L

材料 [2人]
玉米濃湯——1杯 (共400ml)
白飯——2碗
雙色起司——70g
洋香菜粉——少許
鹽——隨喜好

作法
1　將白飯與玉米濃湯都倒進鍋裡，耐心拌勻。
2　開最小火加熱，直到鍋鏟劃開燉飯，燉飯不會立刻滑動。
3　在飯上撒入雙色起司再蓋上鍋蓋加熱2分鐘。
4　撒入少許鹽和洋香菜粉即完成。

美味小撇步
◆ 速食店的玉米濃湯也可用漢堡店的蘑菇濃湯或美式賣場的海鮮濃湯取代。

後記

呼～終於在截稿日前完成了所有的料理拍攝和食譜撰寫。

年初在規畫這本料理書時，就是本著要出一本能讓烹飪者一鍋到底即能滿足家人各式需求的鍋物為目標，既能解饞也能解悶，輕輕鬆鬆煮，開開心心吃。

寫完之後，印象最深刻就是大部分料理只要汆燙、沖洗、往鍋裡丟丟食材，然後關小火、設鬧鐘、等吃。沒錯！這本的料理就是這麼簡單，煮的人不費力，因為湯頭特等好喝，常常等著被誇讚。前陣子我老母來我家看外孫女，正巧剛煮好一鍋珠貝竹笙山藥排骨湯，老的嚐了一碗讚不絕口，年輕人也很捧場連喝了好幾碗，掌握食材特性與下鍋時間，文火慢燉自然成就一鍋好湯，一點都不難，養生之外也滿足味蕾。

請大家記得開煮前先打開書，先把最前面的「亂亂煮邏輯篇」好好看個仔細，再來開煮，這樣會有很大的幫助。除此之外，克萊兒也在很多大家耳熟能詳的傳統食譜裡添加一些小巧思、小變化，希望大家會喜歡。

bon matin 149

一鍋到底亂亂煮(2)
【特級懶人版】

作　　　　　者　Claire克萊兒的廚房日記
社　　　　　長　張瑩瑩
總　　編　　輯　蔡麗真
封　面　設　計　倪旻鋒
美　術　設　計　TODAY STUDIO
責　任　編　輯　莊麗娜
專　業　校　對　林榮昌
行　銷　企　畫　經　理　林麗紅
行　銷　企　畫　李映柔
出　　　　　版　野人文化股份有限公司
發　　　　　行　遠足文化事業股份有限公司 (讀書共和國發行平台)
　　　　　　　　地址：231 新北市新店區民權路108-2號9樓
　　　　　　　　電話：(02) 2218-1417
　　　　　　　　傳真：(02) 86671065
　　　　　　　　電子信箱：service@bookrep.com.tw
　　　　　　　　網址：www.bookrep.com.tw
　　　　　　　　郵撥帳號：19504465 遠足文化事業股份有限公司
　　　　　　　　客服專線：0800-221-029

國家圖書館出版品預行編目 (CIP) 資料

一鍋到底亂亂煮 (2)【特級懶人版】/Claire克萊
兒的廚房日記著. -- 初版. -- 新北市：野人文化股
份有限公司出版：遠足文化事業股份有限公司發
行, 2023.10　200面
;17*23公分. -- (bon matin ; 149)
ISBN 978-986-384-951-3 (平裝)

1.CST: 烹飪　2.CST: 食譜
427.1　　　　　　　　　　112015669

特別聲明：有關本書的言論內容，不代表本公司／出
版集團之立場與意見，文責由作者自行承擔。

法律顧問　　華洋法律事務所 蘇文生律師
印製　　　　凱林彩印股份有限公司
初版　　　　2023年10月25日
978-986-384-951-3(ISBN)
978-986-384-953-7(EPUB)
978-986-384-952-0(PDF)